進化の中の人間

進化の中の人間

―ヒトの意識進化を哲学する―

坂本 充 著

知泉書館

博愛主義者であった（故）国岡啓二氏に本書を捧げる

まえがき

人類は、チンパンジーとの共通祖先から分岐して、七百万年ほど前に誕生したといわれる。そして、狩猟採集生活上の利器として石器が発明され、この道具は多くの工夫や改良を通して発展してきた。また、脳および発声器官が発達し、言葉が生まれて仲間との間の情報伝達あるいは意思疎通ができるようになった。そして、現生人類のホモ・サピエンスという人間は、間氷期の温暖化により、紀元前一万年前頃から農耕牧畜生活を始めるようになった。これによって、定住による集団社会が発達した。その大きな要因は、ホモ・サピエンスというヒト種が強い好奇心と社会性とを備えていたためと考えられる。

これらの性行はヒト種の遺伝子として刻み込まれたものである。これによって、人間は地球上の未知の世界へと拡散していくことになる。また、外界に対する知の意識が芽生え、未知の自然世界を認識し理解するという、いわゆる知を志向する心が増進していった。

この知を志向する心は、経験概念を言葉にすると共に、言葉により新たな概念を創り出し、外界を抽象化し整理するようになる。そして、思弁の知となる哲学は、有史上二千七百年余り前頃から古代ギリシャ社会、古代インド社会などで盛んになり、宗教と共に人間に哲学知をもたらし続けている。

これに対し、経験科学は、科学革命ともいわれる三百五十年前頃のニュートン力学体系の創設以来、多くの科学の知と科学技術をもたらし続けている。特に科学技術は、人間の行動を支援する多くの道具、たとえば車、飛行機、コンピューターあるいは人工知能などの創出に大きな寄与をしている。また、科学技術は、新たな観測機器という道具あるいはその高度化を可能にし、物質科学、生命科学、宇宙科学などによる経験世界を拡大させている。

その中で、宇宙科学は、ハッブルによる宇宙膨張の観測以来、宇宙が百三十八億年前頃のビッグバンにより誕生して進化しているという科学知を提供している。また、生命科学や考古学は、起原生物が四〇億年前頃に地球上に誕生し、この共通祖先から総ての生物が分岐し進化して現在に至っていることを明らかにしてきている。

人間を進化の中でとらえ直すと、古代ギリシャのアリストテレス以来の哲学の基礎的部門になっている存在論は、万物が進化しているという科学の知を取り込んで展開していくことが重要になってきているように思われる。そこで、全ては進化の視点から、形而上学における存在について思索してみることにした。ここで、人間というものを生物のカテゴリーの中で広く捉え直すことによって、人間の心や意識が他生物との繋がりの中で考察される。

一般に、近年の自然科学から得られる科学知は、その概念において、また量において、数千年にわたって積み上げられてきた哲学知を凌駕するほどになってきた。現在のような科学的世界にあっては、その科学の知を、思弁の知である形而上学に取り込んでいくことは必須である。この場合、部分的な条理である科学を哲学の全体的理の中に取り込む方法は、極めて重要であり難しい課題になる。本著作において展開した存在論は、自然科学の科学知の一部を取り込んだ哲学の一試論になっている。

目　次

進化の中の人間

――ヒトの意識進化を哲学する――

序論

現生人類（人間）は、生物のヒト種であって全ての生物と同様に、環境世界の中で外界と何らかの相互作用をして生存している。例えば五感の感覚器官を用いて外界からくる外部情報を察知している。あるいは、手足などの身体を使った行動によって外界に働きかけたり、自己の内部情報を伝達したりする。これらは人間の意識の作用表現といえるものである。このような意識の詳細については、本書において人間が他生物と同根にあるとして考え論じていく。人間の意識は「生の意識」と「知の意識」とに大別される。「生の意識」は生命体としての生を志向している心の状態であり、「知の意識」は環境世界の中の諸事物および事象を普遍化する知を志向する心の状態である。最終的な知は諸事物および事象の普遍とその本質（本性）になる。

ホモ・サピエンスという現生人類の人間は、他の生物に較べて特異的といえる「知の意識」を進化させ、現在では、経験の知である科学の知と思弁の知である哲学の知とを深化させてきている。これらの人間の知は、言葉や図形のようなシンボルを用いた抽象化の能力の発達によっている。しかし、科学の知と哲学の知を統合して、人間の環境世界における「理」（ことわり）を統一的に把握しようとすると、解決すべき大きな課題が現われてくる。序論においてこの課題について概説する。

第一節　進化について

1　古代の発展的世界像

人間は、物事について考えること、即ち思量をする生き物である。この思量をするとは、人間の意識作用において、思惟作用、観念作用、想像作用および自省作用などが含まれ、その根幹は推理することにある。さらに成人となった人間は、少なくとも有史以後になると、物事について秩序立てて考えを展開すること、即ち思索することができるようになってくる。

例えば、古代インドでは、紀元前一八〇〇年頃に衰退に向かったとされるインダス文明の遺跡に、瞑想をしている古代人のヨガの姿が残されている。しかし、象形文字であるインダス文字は未解読であり、瞑想における思量あるいは思索の内容を現段階で窺い知ることはできない。ヨガの風習は、紀元前一五〇〇年頃に侵入してきたとされるアーリア人のバラモン教あるいは広義のヒンドゥー教の社会に引き継がれている。さらには、その調身、調息と調心という瞑想の真髄は、アジア全域に伝播した仏教によって禅定や坐禅として生き続けている。

古代インドの社会において、世界の真理を求める思索がなされた。そして、多くのシャーストラという学説が立てられ、それらは暗誦し易いスートラとして伝承された。その中で、スートラの教典に多くの註釈や解説が蓄積され、思想は深められていった。特にヴェーダ聖典の教説といわれるヴェーダーンタは、聖典の奥義書であるウパニシャッドともいわれ、古代インド思想の底流になっていったウパニシャッド哲学として知られている。紀元前八世紀に旧ウパニシャッドの学匠であったウッダーラカ・アールニは、サーマ・ヴェーダのチャーンドギャ・ウパニシャッドⅥの中で、万物の本質であるものとして微細なサット（有）を考え、それが火を、火が水を、水が地を順に創造したとしている。さらにサットはアートマン（霊魂）としてそれらの物に入り込んでいった。この考えは弟子とされるヤージュニャヴァルキヤに受け継がれ、よく知られた梵我一如の思想になっていく。梵とはブラフマンのことで宇宙の根本原理とされる。また我とはアートマンのことで、万物の全ての個に入り込んでいるとされる。

このブラフマンとアートマンによって世界が誕生し形成されたとする思想は、変容と発展の自然像を明らかに示している。ここで周期的、回期的な時間概念に沿って、発展的世界が把握されたと思われる。なお、古代インドの広義ヒンドゥー教から現代にも続く輪廻転生の思想では、霊魂は永却の時間をかけて他の生を受けて転々と生き続けると説かれ、アートマンとブラフマンが同一であるという梵我一如の智慧に達して、この輪廻から解脱できるとされる。この智慧による解脱は、仏教における「悟り」に対応する。

古代インドでは、後述する古代ギリシャに勝るとも劣らない数多くの思想が創造され、それらの間で生き残りをかけた論争が続けられた。その論争を通して、各思想の学説は精緻な学問体系に編成されていった。そのため、古代インドの思想は総じて非歴史的性格を帯び時代特定が難しいが、釈迦とほぼ同時代の沙門である六師外道と言われる多くの思想家が輩出した頃に、バラモン教ヴェーダ学派を否定する思想家達に対抗するため、哲学を重視するウパニシャッドが現われた。本書では、これ以前の紀元前六世紀より古いものを旧ウパニシャッド哲学とし、紀元前五世紀以降のものを新ウパニシャッド哲学とする。

この新ウパニシャッドの六派哲学の学派であるサーンキヤ学派では、プルシャ（純粋精神）とプラクリティ（根本物質）を元にして、個々の人間と宇宙の諸物質が開展（変化して形成されること）していくとする二元論が詳細に説かれている。これは六世紀にパラマールタ（真諦）により金七十論として漢訳されている。この思想も世界が変容と発展によって形成されていくことを表わしている。この教説の多くは、例えば人間の感覚器官、思考器官あるいは心とされる統覚器官や我慢（自我）やマナス（迷う心）などの考え方が、仏教の継承者達によって仏教哲理に取り込まれることになる。また、紀元前五世紀に入ると、ヴェーダ聖典の天啓真理が崩壊することにより、バラモン教は土着の民間信仰を吸収した狭義ヒンドゥー教に変わっていった。そして、新ウパニシャッド六派哲学のヴェーダーンタ学派は、このヒンドゥー教の正統学派として前述した梵我一如の思想を発展させた。それは、いわゆる不二一元論としてインド社会に強い影響を与えた。その第一人者が、紀元後八世紀前半に活躍し多くの註釈書を残したシャンカラであった。不二一元論の詳細は、本書末にまとめた参考図書に上げている東洋思想の5巻を参照されたい。

古代インド世界では、自然の諸事物は全て地、水、火、風の四大（種）によって構成されるものであった。ウッダーラカ・アールニが唱えた、万物はサット（有）から開展して生成されたという教説は、現代の多くの経験科学に基づいて思索された、自然界の宇宙の誕生およびその進化説と相通ずるものだったと思われる。

2 科学による宇宙と物質の知

この宇宙は、約一三八億年前の熱的爆発（ビッグバン）によって誕生した。このビッグバン宇宙論は、ベルギーの天体物理学者ルメートル（一八九四―一九六六年）により一般相対性理論のアインシュタイン方程式を解く中で提起されたもので、仮説の原始的原子を特異点とした膨張宇宙説、米国の天文学者ハッブル（一八八九―一九五三年）により一九二九年に発表された観測結果に端を発している。ハッブルの観測結果は、天体における銀河は地球からの距離に比例する速さで地球から遠ざかっているというものであった。ウクライナ国出身の物理学者ガモフ（一九〇四―六八年）は、膨張する宇宙空間を過去に遡って考えることにより、熱い宇宙の誕生やその痕跡である宇宙背景放射等を予言した。それが一九四六年である。この宇宙背景放射は、一九六四年になって、米国の電波技術者ペンジアス（一九三三年―）とウィルソン（一九三六年―）により宇宙マイクロ波背景放射として観測され発表された。

この宇宙マイクロ波背景放射は、宇宙の電磁波ノイズとして観測され、波長スペクトルから宇宙の絶対温度は二・七度程度の黒体熱輻射にほぼ相当するものとされた。これは、宇宙が断熱膨張して現在に至っている確かな証左になっている。さらには、二一世紀になってからの人工衛星を用いた精密な観測では、背景放射は、宇宙空間の方角により僅かな異方性を有することが判ってきている。その温度揺らぎは、はじめ米国の天体物理学者G・スムート（一九四五年―）等により発表され、現在のプランク衛星では一〇万分一というわずかなものである。

ビッグバンにより熱い宇宙が誕生した後は、宇宙は断熱膨張をして温度を低下させ、それと共に物質を構成する基本粒子であるクォーク及びレプトンを生成していった。さらに空間が膨張を続け温度が下がっていくと、基本粒子は冷え固まり陽子や中性子のような複合粒子が生成されていった。陽子と電子は凝集して水素原子になり、陽子と中性子が凝集した軽い原子核は電子と凝集して、ヘリウムとリチウムの軽元素になった。

基本粒子あるいは複合粒子は、現代の高エネルギー科学の分野において、例えば電子、陽子あるいはそれらの反粒子である陽電子や反陽子を加速器で高速にし、互いにあるいは物質に衝突させて局所的に高いエネルギー状態にすることにより、瞬間的に創り出すことができる。素粒子物理学では、一九七〇年代の後半には、素粒子の標準理論が構築され、物質を形作る基本粒子として六種類のクォークと電子類及びニュートリノのような軽粒子である六種類のレプトンとが素粒子とされた。さらに、これらの素粒子間で力を伝える三種類のゲージ粒子、素粒子の質量源とされるヒッグス粒子がまとめ挙げられた。ゲージ粒子は電磁気力を伝える光子、弱い力を伝えるウィークボソン、クォークを結びつける強い力のグルーオンである。

この標準理論は、その後約四〇年にわたり、新粒子の発見予測に極めて有効となった。一般にクォーク三個が凝結して、陽子や中性子のような重粒子を形成し、二個が凝結して中間子を形成する。例えば、陽子は二個のアップクォークと一個のダウンクォークが凝結した複合粒子である。中性子は一個のアップクォークと二個のダウンクォークから成る複合粒子である。しかし、単独のクォークは、現在の高エネルギー科学では創り出すことができない。現在の加速器を用いた高エネルギーの素粒子反応では、瞬間的に多種の重粒子及び中間子（以下まとめてハドロンという）が形成される。それらハドロンは数百種にのぼるが、全てが六種のクォークとその反粒子である反クォークにより形成されるものとして発見され、整理されている。なお標準理論で予測されていた最後の基本粒子のヒッグス粒子は、二〇一二年に発見されている。このヒッグス粒子は物質の質量に関係しているものとされる。

上述した宇宙の膨張と温度冷却（エネルギー低下）さらに高エネルギーの素粒子反応の実験などから得られた物質の階層構造を通して、宇宙と物質の進化は確実視される。さらにその進化は思弁における真理とも言うことができる。しかし、ビッグバン以前の宇宙については、現状における量子物理学と天体物理学を基にしたモデルが種々に思索されている状態にある。一つのモデルを要約して示すと、宇宙ではミクロ世界において量子ゆらぎから空間のインフレーション（急激な膨張）が生じた。インフレーションは真空のエネルギー増大を現実にし、空間膨張を産み出してビッグバンにつながった。このような考えは、現在の宇宙の斉一性をうまく説明でき、前記宇宙背景放射における僅かな温度揺らぎあるいは宇宙における物質の密度揺らぎの観測結果の論証に有効になっている。

何れにしても、ビッグバン後の宇宙の進化では、基本粒子の凝集による複合粒子の形成、複合粒子の凝集による軽元素の形成が、宇宙の断熱膨張に伴って引き起こされていった。形成された多量の水素やヘリウム等の軽元素は、重力により閉じ込められた状態で核融合反応し、宇宙に恒星を誕生させていった。誕生した星は寿命をもち燃え尽きて消滅した。恒星の活動によって、例えば炭素、窒素、酸素、鉄等の百種類を超える化学元素が生成されていくことになる。これらの化学元素は、種々の組み合わせで凝結して、多くの種類の分子化合物を形成していった。現在、このような物質は凝集して、地球のような物質、ガスあるいはチリ状の星間物質を構成している。宇宙では、恒星が多数個に凝集し銀河を形成している。例えば、天ノ川銀河の中には、太陽以上の大きさの恒星が二千億個ほどあるといわれる。また、銀河は群れをなし、数十個から成る銀河群、数万個以下の銀河団、さらにそれらが集まり宇宙の大規模構造といわれる超銀河系を形作っている。ハッブル宇宙望遠鏡では、超銀河系は少なくとも二兆個以上の銀河の集まりであり、フィラメント状の網目の構造になっている。このような銀河は、物質の基本的相互作用として物質間で働く重力によって支配されている。しかし、宇宙は現在の科学技術では未知の物質、即ちダークマターとダークエネルギーが九五％程度占めていることが明らかになってきている。ダークマターは銀河中の黒衣の如く、重力により恒星軌道を支配している。ダークエネルギーは、宇宙の加速膨張の観測結果を説明できるものとされている。

このような現代の科学的世界は、古代インドの旧ウパニシャッド哲学が思索の対象にした感覚的世界の場合と同様に、実在論の立場で認識される。そして、現代の科学の知は、発展的世界像を残すウパニシャッド哲学の知に底流において通じるものである。

3　科学による生物の知

進化し発展する思想は、自然界における生き物の世界にあっても、科学的な経験を基にした真理といえる。なお万物とは有情非情のことである。生物を学問上の対象として実証的に観察したのは、『動物誌』、『動物発生論』などを残した古代ギリシャのアリストテレス（紀元前三八四―三二二年）である。彼は哲学者であると共に生物学の祖ともよばれている。それ以降、中世を通して博物学が発達し、食糧や薬用等の実用から離れて、観賞、趣味、好奇心等から地球上の植物及び動物に関する多くの知識が収集された。特に一八世紀になると、旅行家、探検家、収集家が多く輩出され、地球の未開の地域の生物が知られるようになり、地球上の多様な生物の整理及び分類がなされていった。例えば、リンネ（一七〇七―七八年）は動物及び植物において、階層分類の基礎を作った。現在の生物分類では、上位から下位にドメイン、界、門、綱、目、科、属、種の分類階級が設けられている。

例えば人間は、真核生物、動物界、脊索動物門、哺乳綱、霊長目、ヒト科、ホモ属、ホモ・サピエンス種として分類される。最下層の種とは、交配により両親に似た子孫がつくられる生物の区分域になる。

一九世紀になって多様な生物に対する科学的な知見が得られるようになる。その第一が、生物は細胞によって構成され、その数の増加と形態変化により成長するというものであった。そして生物の進化の概念が出てきた。それは一八〇九年にラマルク（一七四四―一八二九年）により獲得形質が遺伝する用不用説として提唱され、一八五九年に出版されたダーウィン（一八〇九―八二年）の『種の起源』（一八五九年）で経験科学的な進化論として提示された。彼は、現象論的見地から、リンネが生物分類の基本的単位とした種を生物進化の実体に据えた。そうして、アリストテレス以来二千年以上にわたり集積された生物の知識体系にあって、生物種の多様性の中に進化の規則を読み取ったといえるのである。

さらに、生物科学は、生物の細胞内のデオキシリボ核酸（DNA）が二重らせん構造であることを明らかにして以来、生物の実体論的解明を急速に進展させている。このDNA構造は、一九五三年になってワトソン（一九二八年―）とクリック（一九一六―二〇〇四年）により提唱された。現在の分子レベルでの科学技術を駆使する分子生物学は、分子系統学を創り出し、DNA分析を通した生物の系統分類を可能にしている。これによって、多様な生物を進化系統に分類する系統分類は、生物の形質や形態等をDNAの類縁と関係付ける道を開き、実体論的な進化を解明する真の自然分類になってくる。ダーウィンの唱えた進化説は、現在の経験科学により実証された真理になってきている。

宇宙と物質は進化する中で、太陽系と共に地球が誕生し、地球上に生物は誕生した。物質の物理進化から化学進化を経て、多種類の分子化合物が形成され、さらに高分子有機化合物が生成された。そして、地球の海底にリボ核酸（RNA）あるいはDNAのような高分子有機化合物が生成され、約四〇億年前に生命体になって起源生物が誕生した。現在の多様な生物は、起源生物を共通祖先として、細胞進化、環境進化、系統進化等を経て分化し生まれたものと考えられている。生物進化は、生物の経験科学である進化系統分析及び考古学の進展により、科学的事実になっている。

第二節　存在について

人間の思索は、人類の進化の中で生じてきたヒト特有の言葉と強く結びついている。人類の思惟能力の進化についてては本論で詳述するとして、有史以後の人類は自然世界の中の事物を対象に、存在について思索し続けてきた。古代インドでは、古インドアーリア語（ヴェーダ語、サンスクリット）のサッティヤは実在を意味する名詞あるいは形容詞として用いられた。これと同じ語形として、古ギリシャ語のウースィアは実体を意味する名詞に用いられた。これらの語は何れもインドヨーロッパ語族の共通起源に遡り、「存在する」を意味する動詞の現在分詞からの派生形になっている。

古代インドでは、ヴェーダ聖典を基盤にし事物の存在の思索が種々に行われていた。古代ギリシャにあっても並行的に同様な思索がなされてきた。以下、事物の存在に関する思索について、古代ギリシャに端を発している主に西洋思想に沿って、重要な流れを述べることにする。

1　存在論における知

古代ギリシャ世界では、自然界の事物のアルケー（根源）として、古代インド世界の四大種と同じものが考えられた。例えば、紀元前七世紀にタレスはアルケーを水とし、紀元前六世紀のアナクシメネス及びヘラクレイトスはそれぞれ空気、火であるとした。紀元前五世紀になって、エンペドクレスは土、水、火、空気を諸事物の四大元素と考え、これらの混合／分離によって、自然界の多様性を説明できるとした。諸事物の根源について探求した自然哲学者達は、何れもイオニア地方で活躍したイオニア学派あるいはミレトス学派と呼ばれている。

さらに、ヘラクレイトスは自然世界の様相にも思索を巡らした。彼の「万物は流転する」の言葉でよく知られるように、自然世界は対立するものの調和によって変化しながら成るとされた。そこでは、万物は生成と消滅を繰り返し、同一であり続けるものは無いとされている。

紀元前八世紀のインドのウッダーラカ・アールニは、サットが実有であり、火、水、及び地も実在するものと認識していた。また、上述した自然哲学者たちは、エンペドクレスを除いて、自然世界の諸事物がアルケーと共に実在し、ピュシス（自然）が存在することを信じた。これに対して、異を唱えたのが紀元前五世紀のパルメニデスであると考えられている。彼はイタリア南部の思想家であり、ソクラテス（紀元前四七〇頃―三九九年）より五十歳ほど年輩であって、プラトン（紀元前四二七頃―三四七年）に多大な影響を与えた哲学者であった。イタリア学派とされるが、エレア派の始祖であり、エンペドクレスはパルメニデスにも教えを受けたとされる。

パルメニデスは、それまでの自然哲学者たちが世界のピュシスの存在者の様相について思索したのに対して、「在る」とはどういうことかを問題にした最初の人物とされる。彼は具体的なウースィア（実体）を分析するのではなく、人間の思惟こそが真理への道であると考えた。これに対して、ピュシスを思索した自然哲学者たちは今日の認識論で言えば実在論の立場であったと言える。パルメニデスについては、本書の参考図書に上げた哲学思想事典にある存在論を参照されたい。

パルメニデスは、「在る」とは不生不滅、全体、一、連続、不動であると考えた。無（あらぬ）とは語ることも考えることもできない。無が在ると考えると、それは無を何らかの存在とみなすことになり矛盾してくるからである。存在とは初めも終わりもない一なる全体であり、一切が連続で不動である。これは、「存在はあるが、無はあらぬ」という根本原理とされ、存在と思惟とは同一視された。

ロゴスの洞察により得られる存在の真理に対して、感覚の対象である生成消滅するものは存在に値せずドクサ（臆見）であると考えられた。パルメニデスは、論理的思考とされる思惟あるいは思弁によって、万物の存在について思索したのである。

同様のことは、古代インドでもなされている。紀元前六世紀のメーダティティ・ガウタマは、万物の存在論的な思索をしたことがリグ・ヴェーダ聖典に残されている。その一部は四句分別として、例えば紀元後二世紀のナーガールジュナ（龍樹）により著書『根本中頌』の中で再定式化され残されている。それは、物事の真偽あるいは真理を分別するための尺度にされ、漢訳すると（a）有、（b）無、（c）有亦無、（d）非有非無の四句により表わされる。（a）は、存在する。（b）は、存在しない。（c）は、存在し且存在しない。（d）は、存在するのでなくかつ存在しないのでもない。等を意味している。このインド論理学と呼ばれるものは、例えば真の智を得る認識手段として、六派哲学のニャーヤ学派等に受け継がれて発展していく。一般にインド論理学は直接的に事物を取り扱う傾向にある。さらには、空虚とか無が存在するものと見なされる。これに対して、古代ギリシャ特にアリストテレスにより定式化され、中世に完成した伝統的形式論理学では、パルメニデスの論理展開と同様に、空虚及び無の存在は否定される。そのために、古代インド論理学の淵源ともなるヤージュニャヴァルキヤが唱えた否定の論法、仏法における空論、紀元後五世紀のディグナーガのアポーハ論そして数における零の発見等は、西洋世界からでなくインド世界から出現するのである。

古代ギリシャのアテナイの哲学において、具体的な概念であるアルケーを求める思索は、自然世界の抽象的概念を積み重ねる概念の哲学へと変化していくのである。

ソクラテスの弟子であり、紀元前五世紀後期に誕生したプラトンは、知を求める哲学にイデアの概念を展開していく。ギリシャ語のイデアとは「見えているもの、姿、形」を意味するが、ピタゴラス学派（イタリア学派の一派である）では、感覚世界における幾何学的な三角、円等の図形とは区別された図形の本質である観念的なものを意味した。ソクラテスは知の対象として、ピュシスに対してノモス（人為的なもの）である倫理規範、善美などの観念的なものを取り上げた。プラトンは、あらゆる物事の感覚的存在を超越し、観念によって把握される抽象的概念（以下、純粋概念ともいう）をもつ存在者をイデアとした。即ち、イデアは、肉体の目によってではなく、魂の目によって見られる姿形であり、プラトンは感覚的世界とは異なる観念世界（イデア界）を築き上げた。

プラトンは、さらに感覚的世界の個物とイデアとの間の関係を思索している。個物はイデアを分有し、イデアの不完全なミメーシス（模倣）であるとした。そして、感覚的世界はイデア界の模像であって、その実在を否定するものではなかった。ここで、感覚的世界の個物の不完全性は個物の質料によるものとされた。

アリストテレスは、師のプラトンの後継者であり批判者として多くの学問の体系化を試み、神学、形而上学に関するものを「第一哲学」、自然哲学に関するものを「第二哲学」に分類した。そして、全体の学問の中で整合するかたちで抽象的概念を定式化している。彼は、生物の実証的観察を基にして、自然には現実態（エネルゲイアあるいはエンテレケイア）と可能態（デュナミス）があると考えた。そして、自然界は、可能態が現実態へと生成変化するところであるとする目的論を基軸に体系化できるとした。この目的論的な捉え方は、自然界の物質及び生物における生成や運動を一貫して説明することを可能とした。

アリストテレスは、形而上学において、現実態と可能態という概念を取り入れ、エイドス（形相）は現実態に相当し、個物のヒュレー（質料）は可能態に対応するとした。そして、真の存在者は実体であると規定した上で、自然世界の個物はエイドスとヒュレーの結合体とした。この定式化はプラトンの場合と同じであるが、エイドスの概念はプラトンのイデアの概念と異なるものである。プラトンにあっては、ピタゴラス学派の唱えた図形の本質そのもの、さらには、理想、理念あるいは模範等の実体まで、極めて幅広い範囲に及んでいる。これに対して、アリストテレスの場合は、プラトンのイデア世界から離れて、人間のもつ感覚的世界に内在するもの、今日の用語でいえば、人間の懐く形象そのものに近いと思われる。アリストテレスの形相とは、個物の質料という可能態に対して人間が働きかけ作用することによって、具現化する現実態である。

アリストテレスは、プラトンがイデアを物事の普遍そのもの、即ち類あるいは集合に共通する本質そのものとしていたのに対して、普遍の実体を否定してプラトンのイデアを批判している。プラトンは後年になって対話篇『パルメニデス』において、「多」を「一」に抽象化し普遍にしたものがイデアのように語っている。アリストテレスによる普遍の実体の否定すなわち普遍者の非存在の考えは、中世の普遍論争の火種となる。

また、アリストテレスは、十個のカテゴリー（範疇）の諸形態をまとめている。それは、個物を言葉で分別する場合の実体についての述語付けにかかわり、あくまで人間の論理的な思考上のものである。ちなみに新ウパニシャッド六派哲学のヴァイシェーシカ学派は、パダールタ説（カテゴリー論）の体系の中で世界の実在について、六つのカテゴリーに分類して説明する。これについては、本書の参考図書に上げた東洋思想の5巻を参照されたい。カント（一七二四―一八〇四年）は『純粋理性批判』（一七八一年）の概念の分析論において、物自体からの現象を分別する人間の悟性能力そのものの分析として、判断表と共にカテゴリー表を示している。

アリストテレスのエイドスとは、プラトンの場合と同様に実体であるが、プラトンのイデアと異なり、いわゆる感覚的世界からの表象及び概念である。存在者とは何かという問題は、上記カテゴリーの一形態である実体（ウースィア）とは何かという問題に帰着された。そして、不動の動者たる神は、質料をもたない純粋形相であって、生成消滅する存在者が可能態と現実態の複合体であるのに対して、永遠の純粋現実態であるとされた。アリストテレスについては、本書の参考図書とした哲学思想事典も参照されたい。

2　神学による知と科学の勃興

中世の西洋思想では、キリスト教が西洋社会に広く浸透することにより、アリストテレスの学問体系を土台にしたキリスト教神学であるスコラ学派が主流となった。トマス・アクィナス（一二二五―七四年）は、アリストテレスの存在論の上に立ってキリスト教神学との調和に腐心した。キリスト教神学では、神は万物を創造した根源であり普遍者という存在者である。しかし、アリストテレスは普遍が実体であることを否定している。そこで、トマスは、アリストテレスの「形相と質料」、「現実態と可能態」に「存在と本質」の相関関係を付け加えた。本質とは類の普遍、即ち、「それは何である」という命題集合の共通事項である。自然界を超越する本質は可能態であり、その存在が現実態であるとした。このようにして、神は自存する「存在そのもの」の純粋現実態とすることができた。

中世における哲学の知では、「存在と本質」の関係を思索する中で、普遍に存在の概念が結び付けられ、本質と存在の複合体は存在者であるとされた。これが本質存在である。そして、アリストテレスの形相と質料の結合体である事実存在は、「それがある」という意にされた。この本質存在と事実存在の区分は中世の存在論の中心的概念になった。詳細は、本書の参考図書に上げている哲学思想事典を参照されたい。

ヨーロッパ社会は、千年以上の長い期間にわたって、キリスト教神学に支配されるが、イタリア・ルネサンスといわれる文芸革新によって、古代ギリシャ・ローマ時代の精神を復興させる。その中から、自然科学が芽生えてくる。例えばコペルニクス（一四七三―一五四三年）により地動説が復活し、天体惑星の詳細な観測がティコ・ブラーエ（一五四六―一六〇一年）によりなされる。ケプラー（一五七一―一六三〇年）は天体における惑星運行のケプラー法則を提唱する。ガリレオ・ガリレイ（一五六四―一六四二年）は実験によって自然に対する考えを検証して、地上における物体運動に関わる数々の法則を見出している。彼のとった実験による自然への働きかけは、中世アラビアの経験科学の手法と同様であり、イギリスのロジャー・ベーコン（一二一四―九四年）が唱えた実験観察及び経験知を重視する考え方に沿うものであった。ガリレオは、実験結果を数学的に記述し分析するという画期的な手法を加えている。彼の自然に対する姿勢はその後の経験科学の礎となった。経験科学は、人間が自然界に働きかけて観察あるいは観測し、経験知でもって自然界を認識し理解しようとする。

ガリレオより三〇年ほど遅れて誕生したデカルト（一五九六―一六五〇年）は、哲学、自然科学、数学の分野で大きな影響を与えた。デカルトの発展的自然像は自然法則の概念に基づくものであり、ニュートンの力学形成の土台になったといわれる。

ニュートン（一六四二―一七二七年）は、リンゴが木の枝から落下するのを見て、月が地球のまわりを回る運動とリンゴの落下運動とが同じ引力によることに気がついたとされる。彼は二物体間に働く万有引力をケプラー法則から導き出し、全ての物体の運動法則が数学的に表現できる力学体系を創り上げた。それらは、プリンキピアと言われる著書『自然哲学の数学的諸原理』（一六八七年）として出版された。ニュートン力学体系における自然観は、ニュートン的世界観として十九世紀の終わりまでの二百年強にわたり、支持される。ニュートン力学は機械論的決定論であって、デカルトが定式化した機械論的世界観を科学的に支持するものである。

コペルニクスからニュートンに至るまでの約二百年をかけて達成された自然科学は、感覚的世界に在る規則性を明らかにするものであった。これは、自然界における物体運動の本質あるいは普遍の知であるといえる。このような科学による経験知の獲得は、科学革命ともいわれるプリンキピアの初版の一六八七年から今日まで、物質界のミクロ世界及びマクロ世界、そして生物界において、人間の「知の意識」を基盤にして精力的に押し進められているのである。

3　認識論における知

近世のヨーロッパ社会では、依然としてキリスト教神学の影響が強く、形而上学はスコラ哲学を踏襲するものであった。デカルトは、徹底的な懐疑によって、思惟する「我」の存在が確実であるとし、思惟することを実体とした。思惟の対象になる個物の世界は、思惟実体に対置する実体とされるいわゆる二元論的世界観が提起された。その上で、神の存在証明をすることにより、二つの実体の確実さは証明されるとした。

ニュートンと同時代で著名な数学者及び哲学者であるライプニッツ（一六四六―一七一六年）は、存在論においてはデカルトと同様に、神の存在証明を必要とした。論理的思考の根本原理に充足理由律を掲げたライプニッツは、存在への問いとして「なぜ何も無いのでなく、何かが存在するのか」という存在の根拠を探る問いを定式化した。これは、一六九七年の著作とされる『事物の根本的起原』および一七一四年の著作である『理性に基づく自然と恩寵の原理』に残されている。その解答として、神の存在と存在論的証明が用いられた。

近代ヨーロッパ社会になると、カントは『純粋理性批判』等にみられる批判哲学によって、それまでの形而上学及び神学的存在論を強く批判することになる。彼は、自身がコペルニクス的転回と言うように、人間の持つ理性について分析し、その制約と限界を示そうとした。カントは理性の認識対象は感性による現象界であるとし、物自体は対象外にした。このようにして、存在論に代わって認識論ないし意識哲学が哲学の基礎部門に置かれることになった。

ヘーゲル（一七七〇―一八三一年）は自身の立てた弁証法を基礎にして、『精神現象学』（一八〇七年）にみられるように、意識と対象とを究極的に統一できることを示した。人間は絶対者の知である絶対知に、経験を通じて到達することによって、神のような絶対者になるとした。この絶対知の哲学によって、ドイツ観念論は完成したとされる。

デカルトの二元論的世界観すなわち主観と客観の二項対立の構図について、ヘーゲルは弁証法によって主観と客観を一致させ得るとした。一方、一九世紀後半になってニーチェ（一八四四―一九〇〇年）は徹底した神の死を唱え、神を介した主観と客観の一致を不可能なものとしたのである。そこで、このニーチェの神の死の言明を受けて、主観のみを根拠にして世界の客観性を引き出す試みがなされた。その一つがフッサール（一八五九―一九三八年）の超越論的現象学である。

フッサールは、人間の認識態度を変更させ、対象である外界があってそれを人間が認識するという自然的態度を逆転させて思索した。この現象学的還元により、人間の主観である志向性の意識が主体にされ、外界に対する意識の妥当あるいは確信の根拠が思索された。これが超越論的現象学であり、客観的とでもいえる確信の根拠は、間主観性といわれるように、人間が共通する意識の下に対象を共通認識しているということにある。後年、フッサールは発生的現象学において思索を深化させた。このフッサール現象学における思弁による意識哲学は、心理学あるいは脳科学などの科学的な知と結び付けられ、本書の第三章において触れることになる意識科学へとつながっていくことになる。フッサールについての詳細は、本書の参考図書に上げている哲学事典あるいは哲学思想事典を参照されたい。

フッサールの弟子であったハイデガー（一八八九―一九七六年）は未完の書『存在と時間』（一九二七年）を著わしている。その序論に、従来の存在論は存在者についての形而上学であり、存在者を存在者たらしめている存在との区別、即ち存在論的差異を忘却してきたと指摘している。彼は存在そのものの意味を、解釈学的現象学によって証示しようとしたが、結局その試みは途絶している。ハイデガーも基本的にはフッサール同様に、自然的態度を括弧に入れて判断中止（エポケー）し、現象学的に考えられる形態に還元（現象学的還元）する現象学の手法をとった。また、古代ギリシャ以来の哲学上の言葉をとり上げ解釈するテクスト解釈がとられ、人間の主観に関わる多くの概念が創造されている。この思索の中で、存在の働きが起こる人間という現存在は事実存在（エクシステンティア）でなく実存（エクシステンツ）であることが示される。ここで、エクという言葉は「身を開く」ことである。また、システンツとは、おのれの存在においてそのおのれの存在へとかかわる態度をとり、そのかかわりの中へと「出で立つ」こととされる。なお存在の働きとは全ての存在者をそれぞれの存在者たらしめる作用のことである。ハイデガーの存在についての構想は完結できていないが、綿密な哲学的手法は二〇世紀の思想界に大きなインパクトを与えた。

第三節　人間の知における課題

人間は、哲学知と共に科学／技術を通した経験知を絶えず求め、世界を拡大させている。特に二〇世紀後半から二一世紀の現在に至る半世紀の間は、生命科学／技術は革新し、生物が分子レベルで実体論的に理解されるようになってきた。例えばダーウィンの提唱した生物進化説は、地球史及び生物史における考古学上の目覚ましい研究成果にも支えられ、現代では生物の進化学という学問分野を展開させている。そして、分子系統学、進化生物学あるいは進化発生学等によって、人間や他生物の進化についての経験知は急増してきている。また、(比較)認知科学や脳科学あるいは人工知脳の技術は大きく発展してきており、人間の生理的及び心理的な働きをも、分析し集積することが精力的に進められている。

このような生命科学の知は、これまでの哲学の有り様に見直しを迫っているように思われる。人間は人類の進化を経て現存し、過去の痕跡を引き摺っているはずである。例えばチンパンジーとの共通祖先から分化し進化している人間は、少なくとも類人猿とは生理的類縁関係をもち、心理面で類似する形質を共有している。さらに生物の進化を考えると、人間は霊長類、哺乳類をはじめとする動物の他に、植物のような生物とも共通する生命の心をもっているように思われる。そこで、人間を生物のカテゴリーの中で広く捉え直し、知を志向する心すなわち「知の意識」あるいは「意識」について、他生物との繋がりの中で思索することが必要になっている。このような思索は、人間に特有と思われる哲学知あるいは科学知を求める心に対して、新たな思弁の光を与えることができる。

この半世紀の物質科学は物質の本質論的理解への扉を開いた。科学的世界では、基本粒子、その複合粒子、その核子と電子の凝集した原子、さらに複数個の原子の凝集した分子等の階層をなす集合体が、日常の世界で眼に見える物体(粗視的物体)になっている。ここで粗視的物体が有する原子あるいは分子の量は、例えば一〇の二二乗個などのように人間の想像を絶するものとなる。生物は高分子の有機化合物から成る構造体になるが、後述するように生命という機能をもつ生命構造体であり、物質とは区別される。

このような物質科学の知の下では、個物は、哲学の知を志向した例えば古代ギリシャや古代インドの社会におけるものとは異なってくる。そのため、かつてアリストテレスの第一哲学とされた形而上学において、科学の知を取り込むことが不可避になってきているように思われる。しかし、この物質あるいは生命体の科学的な経験事実は、哲学の中にどの程度まで取り入れられるだろうか。

分子や原子レベルあるいはそれ以下の世界であるミクロ世界は、粗視的物体からなる日常世界において人間が用いてきた思惟の原則の見直しを迫っている。即ち、人間が感覚的世界において長い間にわたって経験し身につけた、論理的思考の基本原理に綻びが生じてきているのである。ミクロ世界の物質は、例えばハイゼンベルク（一九〇一―七六年）が唱えた不確定性原理によって挙動が非決定論的であり、粒子像と波動像の両面を併せもっている。そのために、例えば同一律、排中律、充足理由律及び矛盾律の四つの基本原理のうちで、同一律と排中律は破綻し、充足理由律のうち狭義の因果性も破綻してくる。これらの詳細は終章で述べる。

また、日常世界より遥かに巨大な宇宙であるマクロ世界では、その器である空間の膨張は科学的事実になっている。時間も絶対的ではなく、伸縮するものであることが科学的事実になっている。時空についての数学言語による表現は、アインシュタイン（一八七九―一九五五年）が提唱した相対性理論の数学モデルでなされる。しかし、時空の概念は、日常世界の中で長く経験し身につけてきた時間・空間の概念とは相入れないものがある。

このように、科学的世界がもつ科学の知は、旧来の形而上学における思考の原理あるいは概念からの離反を迫ってくるのである。科学は一般に分析と綜合化という還元手法を用いて、世界に働きかけることによって科学の知を得る。この還元手法は、近世におけるデカルトの機械論的世界観のように、機械の要素を知れば機械全体すなわち世界が把握できるとする考え方に現われており、ニュートンにも影響を及ぼしている考え方である。しかし、同時代のライプニッツ著作『単子論』（一七一四年頃）でみられる全体の予定調和の考えのように、全体の在り方がその要素の規則性に影響しているとする考え方もある。そのため、哲学が科学の知を取り込む場合、原則あるいは指導原理の設定が必須になる。

本書において、科学的実証主義の立場に身を置くことなく、科学的経験知を取り込むことのできる、形而上学としての新たな存在論の構図が提起される。それは、あらゆる存在者と存在の意味について、新たな枠組みの中で整理すると共に、存在論に充足理由を与えるものとなる。

第一章　生物における適応機能の考察

宇宙は、一三八億年ほど前に誕生し、その膨張の中で物質を生み進化させてきた。また、この物質の進化と共に、地球は四六億年ほど前に誕生し、その地球上において、四〇億年ほど前に生命体が誕生した。それが、現生する全ての生物の共通祖先となる起源生物とされる。そして、科学的事実となっている生物の進化の中で、地球上に人類が誕生し現生人類である人間は存在しているのである。即ち、人間は他生物と同根を有する。そのため、他生物と共通する形質あるいは同類の特性がその人間の中に含まれているはずである。本章において、人間の生物学的基盤を明らかにすべく、生物特有の機能について考察する。

第一節　生の基本機構

地球上の生物は高分子有機化合物の構造体から成る。通常、その構造体は複数の生体高分子によって組み立てられた細胞である。この細胞が生命という特有の機能を発現している。

1　細胞の構造

ＤＮＡに基づく生物系統樹の３ドメイン説では、現在の地球の上に棲息する生物は、真正細菌と古細菌と真核生物の三つのドメインに大別される。真正細菌と古細菌は原核生物ともいわれ、その細胞は原核細胞と呼称される。これに対して、真核生物は真核細胞と呼ばれる細胞から成っている。

⑴　原核細胞

原核細胞は現生する生物の細胞の中で最も簡素な構造を成している。細胞は細胞膜あるいは外側にある細胞壁によって、外界から仕切られている。細胞膜で包まれた細胞内部は、コロイド状の細胞質基質によって満たされている。この基質は、水を溶媒とし酵素タンパク質を分散質とする。この基質にはタンパク質材料のアミノ酸などが含まれる。このような細胞質基質に浮遊して、遺伝情報伝達物質である核ＤＮＡ（細胞核）が存在している。この核ＤＮＡは、その他に細胞の機能を制御する中心的役割を担っている。基質には、核ＤＮＡの他にリボソーム、プラスミド、脂質顆粒等の細胞小器官（オルガネラともいう）も存在している。核ＤＮＡは、細胞質基質及び細胞小器官からなる細胞質と直接に接触している。細胞小器官のうち、細胞質基質中に溶け込んでいるアミノ酸、ブドウ糖を材料にしてタンパク質を合成する物質代謝を担うリボソーム以外は、余り発達していないと考えられている。細胞は、外界を動くための鞭毛を、細胞膜あるいはそれを覆っている細胞壁の外側に備えている。原核細胞の外形は細菌の種によってさまざまであるが、その大きさは概ね一ミクロン長程度になる。

現生する原核生物としては、大腸菌、コレラ菌、結核菌等の動物体内に棲息する細菌、あるいはブドウ球菌、枯草菌等の植物に寄生する細菌、そして、海水中で酸素を生成する藍藻（シアノバクテリア）のような真正細菌が挙げられる。反芻する動物体内に棲息するメタン細菌、あるいは地上や海底の火口付近で棲息する硫黄細菌、好熱菌のような古細菌が知られている。さらに、南極、北極あるいは深海、地殻等の特殊環境下に未知の原核生物が生存しているものと推測されている。

（2） 真核細胞

詳細は生物進化のところで触れるが、地球史の上で原核生物が約四〇億年前に出現したのに対し、真核生物は二〇億年ほど前に現われたことが、地質年代的に推定されている。現在では進化の後、後述する図1の5界説で分類すると、アメーバ等の原生生物、植物、キノコやカビ等の菌類、そして動物が真核生物に相当している。

真核細胞は、原核細胞と基本的に同様な構成をもっているが、核ＤＮＡが核膜により保護され、原核細胞のように細胞質にむき出しにならないように区画されている。また、細胞小器官が数多くなり、それぞれも膜によって仕切られて高度に分業化している。

真核細胞は、生物進化における細胞の合体により発生したとする考え方が広く容認されている。第一は、細胞壁のない古細菌に真正細菌が侵入し共生するようになり、二つの原核細胞による合体が生じるとするものである。例えば、アルファプロテオバクテリア、シアノバクテリアのような真生細菌が古細菌の細胞内に入り込んで共生しながら、原生生物の真核細胞へと進化する。ここで、アルファプロテオバクテリアはミトコンドリアに、シアノバクテリアは葉緑体となっていくのである。第二は、真核細胞と原核細胞の間、さらに異種の真核細胞の間における共生と合体である。これは、捕食側の真核細胞が被食側の単細胞を消化することなく、調節作用が働き、一つの細胞内で共存し共生するようになったためである。確かに現在でも、原生生物であるハテナという鞭毛虫は、食作用によって藻類を細胞内に取り込み、二つの真核細胞の細胞内共生を行なうことが知られている。

現生する真核生物では、大きさは原核細胞の十倍以上であり、一〇ミクロンから数十ミクロン長、あるいは原生生物にみられるように数百ミクロンから一ミリに達する大きさのものもある。これは、細胞の体積にすると原核細胞の千倍以上になる。このため、細胞小器官は、上述したリボソームの他にエネルギー代謝をするミトコンドリア、植物系生物における葉緑体をはじめ、多細胞生物の例えば動物においては小包体、ゴルジ体、細胞骨格など多くの構成要素からなる。小包体は細胞外へ分泌されるタンパク質を合成し、ゴルジ体は分泌性タンパク質をまとめて輸送し細胞外へ分泌する。細胞骨格は原形質流動といわれるように、細胞内の細胞小器官等を動かし、細胞分裂で染色体を動かす。真核細胞は、現生する真核生物の多様化に合わせて、基本構成要素である細胞膜、核ＤＮＡ、細胞小器官、細胞質基質が多様なものになってくる。核ＤＮＡと細胞質（細胞小器官と細胞質基質）はまとめて原形質ともいわれる。

真核生物は、植物、真菌（菌類のこと）及び動物のように全て多細胞化したものと、コンブやワカメ等の褐藻類あるいは粘菌類の生活環の中で多細胞化する以外ほとんどが単細胞のままである原生生物とからなる。地球史において、多細胞化は一〇億年ほど前に起こったとされている。単細胞の真核生物では、真核細胞の大きさが百ミクロン長になる、ゾウリムシのような繊毛虫類あるいは葉緑体をもつミドリムシ類の他に、単細胞の大きさが数ミリになるアメーバ類が現生する。このような原生生物は、捕食能、捕食物の消化能及び老廃物の排泄能を発達させ、細胞小器官として細胞口、食胞、収縮胞及び細胞肛門を備えている。運動のための繊毛、鞭毛あるいは仮足も発達している。これに対して、多細胞の真核生物では、動植物の真核細胞の大きさは数十ミクロン程度であり、幹細胞が増殖し分化し体細胞になって、色々の器官が形成されている。人間の個体では、心臓、肺臓、肝臓等の多くの内蔵器官、消化器官、排泄器官、種々の感覚器官、脳器官等の極めて多様な器官が形成される。

原生生物は、単細胞の微生物の場合、人間の目で見えない所に多く棲息する。水中、海水中、土壌の中、動植物の体内等で有機物を無機物に還元したり、あるいは藻類のように光合成により無機物から有機物を合成したりしている。一方、動植物や菌類は多細胞化し高機能化して、地球上の広範囲で見られる。

２　生の相互作用

複数の生体高分子から成る細胞という構造体は、非生命体の物質と異なり生命を宿している。生命という生物特有の機能は、細胞において創発される生の相互作用によって発現する。この創発的な生の相互作用について、単細胞生物と多細胞生物の場合に分けて考察する。

（１）単細胞構造

単細胞構造の生物は現生している原核細胞の生物と単細胞の真核細胞の生物である。

原核細胞の場合

細胞の細胞質基質に浮かぶ核ＤＮＡ、数少ないオルガネラは、互いに物理・化学的相互作用を行なっている。核ＤＮＡは四種のデオキシリボヌクレオチドという有機化合物を単位にして、二重らせん構造のポリマーになったものである。リボソームは四種のリボヌクレオチドという有機化合物を単位にした直鎖状ポリマーのＲＮＡと、タンパク質とで形成されている。その他のオルガネラには、脂質から成る顆粒、核ＤＮＡとは別のＤＮＡをもつプラスミドがある。そのため、物理・化学的相互作用は、それらの素材である高分子有機化合物という物質間で創発されるものになる。これらの高分子有機化合物は生体高分子という特異的な三次元の立体構造をなしている。

このため、立体構造に特有の会合などが生じる。そして、例えば核酸による高分子有機化合物の分子認識、核酸の合成あるいは修復などが可能になる。

また、物質のもつ特有の熱運動がこれらの高分子有機化合物に生じている。この熱運動及び物理・化学的相互作用は、細胞質基質に溶け込んでいるアミノ酸やブドウ糖にも働き、これらを材料にしたタンパク質の合成を細胞内で発現することになる。

さらに、現生の原核細胞は、細胞の構成要素である核ＤＮＡ、細胞膜、オルガネラ間において、有機化合物から成る情報伝達物質を交換している。有機化合物は特殊なホルモン、マイクロＲＮＡ等であろう。この情報伝達物質と化学反応触媒の酵素タンパク質とが援用されることによって、リボソームにおけるタンパク質合成が円滑に進行すると考えられる。なお情報伝達物質及び酵素タンパク質は、物理・化学的相互作用に不可逆性及び指向性を惹起して、必要な生体高分子を組み立てるという物質代謝における重要な役割を担っていると思われる。

このように、原核細胞において創発される生命作用としては、物理・化学的相互作用と、その相互作用を調節する情報伝達物質などの媒介作用とが少なくとも考えられる。

真核細胞の場合

真核細胞の核ＤＮＡは核膜によって区画され、細胞質と直接に接触しないように保護されている。また、数多いオルガネラもそれぞれの膜によって保護されている。このために、核ＤＮＡ、オルガネラあるいは細胞質基質の間における物理・化学的相互作用は、原核細胞の場合の直接的なものから間接的なものになっている。真核細胞は情報伝達物質の交換を介する相互作用、即ち媒介作用が主体になってくる。情報伝達物質である有機化合物は、核ＤＮＡ、オルガネラ、細胞質基質等と物理・化学的相互作用を行なうことになる。このようにして、真核細胞の中の数々の小器官は高度に分業化して、細胞における各役割を有機的に遂行する。

真核細胞は原核細胞に比べて千倍以上の容積を有し、各オルガネラのＤＮＡは種々のＲＮＡをポリメラーゼという酵素における転写により造り出している。ＲＮＡは情報伝達物質として核ＤＮＡを含む細胞構成要素を調節することができる。真核細胞における情報伝達物質の媒介作用は、上述した細胞の合体において起こる調節作用により頻発したものと思われる。詳細は第二章一節の生物進化で考察するが、原核生物の出現から二〇億年弱後の真核生物出現に至る極めて長い期間をかけて、情報伝達物質の媒介作用は進化し、小器官の分業化を可能とした。これが、真核細胞における共働作用という生の相互作用となった。共働作用は、細胞内で分泌される種々の有機化合物からなる情報伝達物質が、細胞構成要素である核ＤＮＡ、種々のオルガネラ、細胞膜間を連結することによって、創発していると考えられる。

（2）多細胞構造

多細胞の生物は、ほとんど全て真核細胞の凝集体である。真核細胞は、細胞分裂した後に分離しないで凝集体となり、凝集した細胞の間には原形質を連結する手段をもつ。多細胞生物では、複数の細胞から成る器官は分業化して、個体における各役割を有機的に遂行するようになる。多細胞生物は、個体の細胞間において、生理的な情報伝達物質の交換あるいは心理的な神経伝達物質の交換をする。これによって、多細胞構造の生物では、統合作用という生の相互作用が創発していると考える。

有機化合物の情報伝達物質

多細胞生物の出現は、真核単細胞生物の出現から少なくとも一〇億年以上の年月を要している。極めて長い年月をかけて、凝集する真核細胞の間を連結する通路が試行錯誤を重ね造られていった。動物系の多細胞生物では、通路は血管、リンパ管あるいは分泌腺などの循環器系統である。陸上植物では、根、茎及び葉脈に設けられている道管や師管が通路に相当し、内分泌物質を伝達する循環系をなす。道管は根から吸い上げた水分及び栄養分の通路であり、師管は葉緑体の光合成で作った糖類等の養分を種子、生長している部位あるいは貯蔵箇所の根等に送る通路になっている。

このような通路を介して、種々の情報伝達物質が多細胞間で交換される。情報伝達物質は他細胞の働きを互いに調節し合うものである。人間の内臓器官の間において、腸を中心として、胃、肝臓、腎臓、心臓、肺臓などの臓器はメッセージ物質を交換し、機能の増進及び減退を調節している。メッセージ物質は、各器官の細胞で造られる特有の有機化合物である。それは、細胞外小胞（エクソソーム）に内包され他細胞に受け渡されるＲＮＡの核酸物質である。その他に、ＤＮＡの遺伝子を作動させるスイッチ用のタンパク質あるいはホルモン等が考えられる。

有機化合物はメッセージ物質の他にも、真核単細胞の生物でみられるメッセンジャーＲＮＡのような核酸、酵素タンパク質あるいは脂質等も含まれる。多細胞生物の生長過程や生活環によっても、情報伝達物質は変化し、生物個体は構成部分が相互に連携し調節し合って、全体的に組織化されている。

神経伝達物質

多細胞の生物では、細胞有機体の組織化は神経伝達物質の交換によってもなされる。神経伝達物質の通路が多細胞間を有機的に連携する神経系である。

動物にみられる神経系には散在神経系と集中神経系がある。散在神経系では、神経細胞（ニューロン）が体全体に散在し、細胞突起を通して網目状の連絡網を形成している。これはヒドラ、イソギンチャクなどの刺胞動物にみられる。集中神経系では、体の一部に神経細胞の集中する神経中枢が存在している。この神経中枢から体の各部位に末梢神経が張り巡らされている。例えば扁形動物のサナダムシ、プラナリアは体の頭部に神経細胞の集団すなわち神経節を有し、頭部神経節から前後に伸びさらに横方向にも連絡できる神経線維の束を備える。ミミズ、ゴカイ等の環形動物の場合、体の前後の方向に複数対の神経節が形成され、それらの神経節から縦横に神経線維束が張られている。神経節及び神経線維束はそれぞれ神経中枢あるいは中枢神経と末梢神経に相当する。

集中神経系では、複数の神経節が癒合し中枢化して、一つの脳に発達する場合がある。その例は、節足動物の昆虫類、軟体動物のタコやイカ等の頭足類にみられる。軟体動物であっても、カタツムリやナメクジ等は環形動物の場合と同様な集中神経系である。刺胞動物、扁形動物、環形動物、節足動物、軟体動物に対して、鞭毛の形質を発達させた真核多細胞の多くの動物は、脊索や脊椎に沿った管状神経中枢をもち、先端部に脳を発達させている。原索動物のナメクジウオは原始的形態を有し、ヤツメウナギのような円口類は脳と脊髄に分化した中枢神経を成している。脊椎動物亜門に属する魚類、両生類、爬虫類、鳥類、哺乳類の動物は、総じて脳と脊髄から成る中枢神経を備えている。その中で、人間の脳は他の動物に較べて異常なほどに発達をしている。散在神経及び集中神経において、刺激の興奮を伝達する神経細胞が最も重要な働きをする。神経細胞は、神経細胞体と細胞体から出る細胞突起を有している。細胞突起は二種類あり、長い神経突起（軸索）と短い樹状突起である。神経突起は神経細胞の刺激の情報を外へ伝達し、樹状突起は外からの情達を受け取るものである。神経突起は神経線維束となって末梢神経を構成するものになる。神経細胞間の連絡は、神経細胞の神経突起と他の神経細胞の樹状突起とのシナプスと呼ばれる接合部で行われる。同様に、末梢神経から体の諸器官（例えは感覚器官、筋性器官など）との連絡も、神経線維末端と諸器官側線維との結合部で、シナプスと同様のメカニズムでなされる。

このような神経系において、情報を伝達する神経伝達物質には、電気伝導の物質と化学伝導の物質がある。電気伝導の物質とは電荷をもつ物質であり、電子やイオンである。刺激による興奮という情報の伝導は、電気伝導物質の変化すなわち電位パルスという電気信号によって行われる。これにより、体の諸器官と中枢神経の間の刺激情報は、末梢神経を信号通路にして短時間で伝達される。

これに対して、化学伝達物質は、シナプス及び神経線維（末梢神経）並びに諸器官の接合部において、興奮という刺激情報を伝達する。化学伝達物質としては、ドーパミン、アドレナリン等の有機化合物がよく知られているが、その他に数多くの物質が同定されつつある。

神経伝達物質は、情報伝達物質の交換によって統合作用が創発されるのと同様に、多細胞動物の個体における統合作用の創発に深く関わる。神経伝達物質と情報伝達物質は、外界に対する個体の種々の刺激反応を惹き起こす。外部世界に働きかける場合においても、神経伝達物質は多細胞動物が有機的あるいは統合的に活動できるように作用する。さらに、神経伝達物質はカメレオン、タコ等にみられるように、個体表皮の色や模様のような形質を変容させる。このような変容は多細胞の植物において、葉や葉柄にもみられる。植物は自己の花粉と認識し排除して近親交配を避けるという、自家不和合性をもつことがよく知られている。これらのことから、植物も動物と似たような情報伝達の仕組みをもっていると考えられる。

第二節　生物の適応機能

生物は、外部世界あるいは環境の世界の中にあって、外界と何らかの相互作用をなして生存する。環境の世界とは、生物の適応機能により構築される世界であり、環境世界と呼称する。環境世界は、各生物が造り上げていくものであり、種によって有り様を異にし、進化と共に変容していくものである。

生物の個体は凝集し群れを作り、環境の世界に個体群社会を成している。各個体は、自然界を含む環境の世界に開かれた開放系の形態で生存している。そのため、生物の個体は外部環境からの影響を強く受けることになる。各生物は、生を存続させるため、環境の世界に可能な限り関わり、環境の変化に適応できるようにすることを必須とする。それが生物の適応機能といえる。適応機能は生物種によって異なる様相を呈し、それに合わせて、環境の世界は種により互いに異なったものになる。

生物の適応機能は、動かし難い真理になっている生物進化にも深く関わる。このことについては次章で詳述することになるが、物質の進化が飽くまで受動的な適合性に沿って起こっているのに対して、生物の進化は生の機能の一つである適応機能が動因となっている。適応機能は、能動的であって全生物に共通するものがある。それは、環境への働きかけ、外界の刺激に対する反応及び形質の変容を主とする。以下、この三項目を主に考察する。

1　外界への働きかけ

生物は外界に対してその種によって異なる働きかけをする。このような適応機能の代表例を挙げる。

有機化合物の生成

地球上において、葉緑体をもつ植物あるいは藻類等の原生生物は、いわゆる光合成によって水と二酸化炭素から糖類を作り、さらに種々の炭水化物や油脂を生成する。即ち、これらの生物は同化作用により無機物から有機化合物を合成している。最多種の動物は、食物連鎖を通してそれぞれの生体高分子を生合成し、地球上に多くの種類の有機化合物を生成している。

酸素と二酸化炭素の生成

生物は物質の化学反応を巧みに利用する。葉緑体をもつ生物は、同化作用において、有機化合物の生成と同時に酸素ガスを生成する。これによって、地球上の多くの場所が酸素によって満たされる。海洋、湖沼、河川等の水中あるいは地上の大気中に棲む多くの生物は、酸素を活用して生存に必要なエネルギーを生成する。大気中の酸素は上空約一〇—五〇キロメートルにオゾン層を形成し、太陽から降り注ぐ紫外線を遮蔽する。これによって、地上の生物は紫外線によるDNA破壊をまぬかれ生存することができる。

一方、酸素を嫌う生物すなわち嫌気性生物は、酸素の少ない地中や動植物の個体内に生息している。地中の微生物は動植物の死骸や排泄物等を分解して、有機化合物を無機物にし同時に二酸化炭素を生成する。酸素を活用する好気性生物は、個体内における異化作用によって、有機化合物を酸化してエネルギーと共に二酸化炭素を生成する。二酸化炭素を利用することによって、植物や藻類は同化作用の自律的持続を可能なものにしている。

造成行動

動くことができる生物は個体の生存に利するように行動する。行動は主に捕食と種保存において顕著に現われる。例えば、原生生物界ではアメーバ、ゾウリムシ、動物界では昆虫類、魚類、鳥類、哺乳類など非常に多くの生き物が該当する。以下、動物における造成行動について示す。

生き物は捕食をするために工夫をこらした種々の造成物を環境の中に設ける。例えば蜘蛛は体内から糸を出して、いわゆるクモの巣を張る。野山にあって木々の小枝の間で多角形模様の大きなクモの巣が昆虫を待ち構えている。あるいは、家屋を囲んで植えられている生け垣の葉の間に、小さなクモの巣が幾つも張られ、垣根の内側に向かう巣のトンネルが架設される。さらに家屋の中にあっても、天井や壁の片隅に小さなクモによる巣が造成される。ウスバカゲロウの幼虫は蟻地獄といわれるスリ鉢状のくぼみを家屋の縁の下などの乾いた土に造成し、すべり落ちるアリなどの虫を捕食する。モグラは土の中を生活圏として、野原の至る所にトンネルを造成している。この中に侵入してくるミミズ等の小動物を捕食するためである。動物の造成行動は個体の核DNAに刻まれたものであって、先験的に身についた適応機能によるものである。

高等動物になってくると学習する能力が高くなり、個体の経験に基づいた造成行動が多くなる。例えば類人猿であるチンパンジーは小枝を道具にして、アリ塚の中のシロアリを釣り出して捕食する。この時、チンパンジーは草木を適当な形に加工して、道具としての小枝を作製する。人類もかつては生活の道具として多くの石器を造ってきた。高等動物の造成行動は学習を通して後天的あるいは経験的に身につける適応機能である。

動物は種保存のために様々な行動をとる。主なものとして、子供を育てるための巣造り及び生殖のための行動がある。前者の例では、アリが迷路のような穴を土中に掘り巡らす営巣の行動がよく知られる。その他に穴熊、キツネ、タヌキ、ウサギ等の哺乳類そして魚類に至るまで多くの動物が巣穴を造っている。鳥類では多くの種が小枝等を用いて大小さまざまな巣を造成し繁殖することはよく知られる。これらの行動は動物の核DNAに刻まれているものであって、先験的に身についている行動としてよいであろう。

後者の生殖のための行動も、ほぼ先験的に身についたものであると考えられるが、それに該当しないような場合もある。生殖行動では、雄が雌の気を引くために種々の構造物を造り上げることが知られている。ニワシドリ科に属する雄鳥は、林内の地上に庭を作り、そこに枯れ枝を並べて通路を造成する。それらの廻りに小石や羽毛等の光るものを散りばめ飾り付けをして、雌鳥を惹き寄せる。同じように、シッポウフグ属で和名がアマミホシゾラフグという魚は、海底の平坦な砂地に溝、土手等から成るサークル状の砂模様を造成する。サークルの中心部から外縁に向かって放射状に多数の溝が形成され、外縁に具殻の破片などが置かれている。これも雄フグが雌を惹き寄せるためと考えられている。このような造成行動は、上述の高等動物の場合と同じように、学習を通して得られる経験的な適応機能によるものと考えた方がよいであろう。

情報伝達

生物の中で人間は最も多い情報伝達手段をもつが、多くは人間の「知の意識」に基づく科学技術によっている。人間は言葉による情報伝達を獲得し、さらにそれを高度に発達させることで、自然界の中で他の生物と大きく異なっている。しかし、人間のもつ情報伝達の基本は他の生物にも備えられている。即ち、それは発音による手段、身体の動作による手段及びメッセージ物質による手段等である。

動物界では、哺乳類、鳥類、爬虫類、両生類の多岐にわたる種、あるいは、多くの昆虫は、発音することによって周りに情報を伝達する。ほとんどの発音は短いシグナルになっており何かの合図である。警告、威嚇、服従、求愛等を意味する情報伝達になっている。この中で、一部の動物たとえばイルカ、シャチ等の哺乳類あるいは鳥類は、発声器官を発達させて色々の音を発することができる。この異なる音種をつなげ発音することによって、合図以上に意味をなす情報が伝達されることがある。即ち、人間の言葉のような話語が発せられるのである。発音による動物の情報伝達では、多くは先験的に身についた適応機能であり、核DNAに刻まれたものである。他方、人間の言葉は学習を通して後天的に身につくものであり、それによる情報伝達は経験的な適応機能といえるものである。

身体動作による情報伝達は発音による場合とほぼ同じである。例えば頭部や肢体を動かすことにより、それがシグナルとなって情報伝達がなされる。

これに対して、メッセージ物質による情報の伝達は未知なるところが多くあるけれども、原核生物界、原生生物界、植物界、菌界、動物界の生物によって行われているとみてよい。メッセージ物質とは結局は生物の細胞によって作り出される有機化合物である。例えばホルモンなどの内分泌物質、フェロモンなどの生理活性物質そして多くの種類のRNAやDNAなどの核酸物質及びタンパク質がメッセージ物質になっている。動物の個体は縄張りの情報伝達のために、窒素含有の有機化合物である尿素を臭い付けする。個体群社会の中の動物は、フェロモンを発散させて生理的刺激を仲間に与える。植物や菌類であっても有機化合物の物質を放散することによって、昆虫を惹き付けて受粉に協力させたり、食虫を容易にしようとする。さらに、単細胞の微生物であっても、物質代謝で合成するＲＮＡが互いの間でやり取りされ、影響を及ぼし合っているとされる。特に動物や植物のような多細胞生物の宿主に入り込み共生あるいは寄生する細菌は、多細胞生物内に存在する細胞との間でＲＮＡやタンパク質などの生体高分子のやり取りをしている。細菌が宿主に有害な物質を出す場合には、宿主は例えば免疫細胞によって細胞を悪玉菌（病原菌）として攻撃する。逆に善玉菌の場合には、メッセージ物質を交換して共生する。

２　刺激反応

開放系にある生物の個体は、外界からの色々の作用に晒されている。生物はその作用に合わせて反応しようとする。人間は、例えば空腹時に旨そうな食物を視覚あるいは嗅覚で感知すると、口腔、胃、腸等の消化器系及び脳等の神経系が反応し、内分泌物や情報伝達物質などを身体に巡らせる。これは先験的である。また、一般の日本人は、梅干を感覚器官を通して察知すると、即座に唾液が口の中に出てくる。これは経験的である。何れも刺激反応の例であるが、このような刺激反応は、形態を異にするものの生物に共通したものである。以下に刺激反応の事例を幾つか取り上げる。

生物の環境は、太陽、地球、惑星あるいは宇宙の運動や活動によって影響をうけている。日本の一年は春、夏、秋、冬の四季を有し、気温、湿度、雨量あるいは日照等の気候そして大気や大地等の状態が大きく変化する。生物はこの環境変化に合わせて反応し生存している。雪の舞う冬から暖かな春に変わってくると、環境変化に反応した多くの動植物、原生生物は、眠りから醒めて活動を始める。草木は新芽を出し、梅、桜や桃は色々の花を咲かせる。熊、リスやコウモリ等の一部の哺乳類、あるいは変温動物である両生類、爬虫類、魚類、昆虫及び微生物等は、啓蟄といわれるように冬眠を終えて、捕食など生存のための活動をするようになる。

夏になると、向日葵、百日紅やアザミの花々が咲き、蝉の幼虫が地中から這い出して成虫になって、種々の蝉時雨を展開する。秋になると、菊、薄芒やコスモスが花開き、春に渡来した燕は南方へと帰っていく、冬になると、多くの生き物は春までの休眠に入っていく。

生物は環境の状態と変化をそれぞれ固有の手段により感受し、環境に適応するように反応している。この感受の手段は、人間の五感の感覚器官に相当する情報入力手段であり、生物種により異なる形態を成している。生物は入力情報に合わせるように情報出力して反応する。この刺激反応には、先験的であり核ＤＮＡに刻まれているものと、経験学習による後天的なものがある。何れにしても、刺激反応による環境への適応は、情報伝達による生の相互作用の創発を淵源とするものである。

さらに刺激反応の例を述べる。生物は群れを作る。動物、植物、菌類、原生生物そして原核生物の個体は、同種あるいは異種の群れの中で、孤立することなく相互に関係をもって生存する。その関係は、同族社会、生態系、食物連鎖、天敵、寄生あるいは共生等と色々の集合形態の中に見出されるものである。その種々の関係の中で、各個体あるいは個体群は、他者から異なる種々の作用を受けることにより、それらの刺激に対して反応をすることになる。例えば、食物連鎖にある形態では、一般に被捕食側の生物は捕食側を感受すると、逃避の反応行動をとる。この反応は学習により経験的に働くものと、先験的に働くものがある。特に天敵における関係では、ほとんどが先験的なものになっているであろう。

最後に植物界の例を挙げると、オジギソウは接触を受けると、多くの葉及び葉柄が順番に収縮反応をする。シロイヌナズナは昆虫などにより葉を食べられると、除虫効果のあるからし油を分泌する。一般に、植物は生長する方向にそれを遮る障害物があると、それを迂回して伸長したり、あるいは成長を止めてしまう。

3　形質変容

生物は環境に適するように形質を変容することができる。これは生物のもつ適応機能である。一般に多細胞の生物種では、個体は誕生、生長、成体、老化、死の過程をとって一生を終える。そして、形質は遺伝子によって次の世代の個体に継承される。形質は、個体の一生にあっても、環境との関わりの中で個として変容する。さらに複数世代を通して、変容は一般化するものである。形質は生物の外部形態、内部形態、機能形態、発生形態等のことを指す。

(1)　生物個体の場合

人間は母親から世界に出生すると共に劇的な肺呼吸を始め、徐々に世界を知覚する感覚器官の機能形態を変化させていく。人間は外部世界の経験及び学習を取り込みながら成長し、身心の機能を人間的なものにする。このような機能形態あるいは外部形態の変容は、種の間の形質に違いはあるものの、哺乳類、鳥類、爬虫類、魚類の動物に共通している。

これに対して、両生類や昆虫のような動物では、種の個体はその一生において、外部形態、内部形態及び機能形態の形質を変容させることができる。例えば両生類のカエルは、孵化したオタマジャクシでは水中で鰓呼吸して尾ヒレで動き、徐々に四足になり、肺呼吸に変わって尾ヒレもとれ、変態して成体になって陸上での生活をするようになる。チョウやカブトムシのような昆虫は、地上で生活する幼虫、蛹を経た後に羽を得て空中を飛翔できるように、完全変態する。セミやトンボ等も蛹を経ない不完全変態であるが、個体の一生（生活環）において、外部形態、内部形態及び機能形態を大きく変容させる。こうした生物の個体の変容は、核ＤＮＡに刻まれた生物種に特有なものであって、先験的な形質の変容といえる。

他方で、生物は一生において、経験的な形質の変容をする。例えば、人間は生活環境が熱帯地域になると、皮膚の色を黒く変えるようになる。身体のどこかに障害が起こると、それを補う代替の部位が発達する、若くして視力を失った人間は、代りに聴力が通常より鋭くなる。さらに、身体の一部である顎、首、唇、足等の形状は、幼い頃からの矯正具の装着によって、変容することが知られている。ある種の動物の成体は、周りの環境に合わせて身体の色や模様を変容させる。例えばカメレオン、タコ、カレイなど多くの魚等がよく知られている。

このような変容は、神経系あるいは循環器系を備えた生物でみられることである。これらの情報伝達系を通して、生物は高い柔軟性でもって環境に対応し、変容することによって生き抜くのである。神経系と神経伝達物質を介した変容は心理的要因によるものとし、循環器系と情報伝達物質を介する変容は生理的要因によるものとしよう。

経験的な形質の変容は植物においてもみられる。例えば、本来では上向きに真直ぐ伸びる孟宗竹は、樹木の枝に遮られると枝を迂回して成長する。また、岩場の松の木は成長してもほとんど大きくならない。一般に、盆栽のように小さな鉢に植えられた植物は大きく育つことがない。さらには、果実の樹の葉は、多くの種類の幼虫の食料になるが、虫が付くと形状を種々に変容させる。このような植物の変容はほとんどが生理的要因によるものとしてよい。

(2) 生物種の場合

生物は個体の形質の変容と共に、複数の世代を跨いだ変容を行なう。それは、環境の変化に沿う変容が幾世代にわたって引き継がれ優位な形質となって、環境下で増殖し一般化する場合である。現生人類は黒人、白人、黄色人のように皮膚の色の異なる人種に分けられる。その他にも、目や髪の色、顔の形、身長等の外部形態によって、例えばアフリカ人、南アジア人、北アジア人、ヨーロッパ人、北米人、南米人等の分類ができる。このように、人間は環境に合わせた形質変容を集団で行ない、多くの亜種を生じさせている。同じ人間であっても、草食系と肉食系では大腸、小腸等の内臓に見られるように、一部の内部形態が異なってくる。さらには、脳の働きのような機能形態の変容が顕在化してくる。こうした生物種において生じる形質変容はあらゆる生物で起こることである。

そして、地球上の生物の進化系統樹のように、生物種は長い年月をかけて今後も変容を繰り返し、環境世界からの自然選択の下に進化していくことであろう。ダーウィンは『種の起源』（一八五九年）で生物の進化論を提唱した。そして、約一六〇年後の現在では、それは真理となって、実体論的な分子生物学を基礎にした進化生物学あるいは進化発生学にみられるように、科学的な経験事実である進化学へと発展しているのである。現在の生命科学では、生物の形質についての情報は核ＤＮＡに刻まれていると考えられている。ここで、生物種の遺伝形質は、核ＤＮＡにコードされた遺伝情報の担体である遺伝子として固定される。そのため、生物種における形質の変容は遺伝子の変容となって一般化されることになる。

そこで、この遺伝子の変容要因を考察する。生物は細胞核に種々の遺伝子が配設されている核ＤＮＡを有している。分子生物学では、核ＤＮＡは四種のデオキシリボヌクレオチドといわれる有機化合物が二重らせん構造に多数個を一次配列した有機ポリマーである。ここで、四種のデオキシリボヌクレオチドはそれぞれ四種の塩基により区別されている。遺伝形質の変容は、この核ＤＮＡの一次配列の変化に伴う遺伝子変異と、核ＤＮＡの一次配列の変化が無い場合に生じる遺伝子発現変化とによっていることが知られている。前者は、核ＤＮＡの複製変異と突然変異によるもので、親と子との世代間の変異であり、後者は、同一個体内で後天的に生じるものである。これらをまとめて遺伝子変容と呼ぶ。

後成的要因

これは遺伝子発現に関わる。多細胞生物は一般に、細胞の自己複製を繰り返して胚から成体へと個体発生する。この個体生長の過程にあって、その気候的環境の変化や学習などの経験によって、核ＤＮＡに刻まれている遺伝子が発現しなくなる。あるいは、成体になってからもその細胞は再生による自己複製を繰り返していることから、その成体の生活習慣や固有の経験によって、発現の抑制される遺伝子が生じても不思議でない。また、逆に経験によって遺伝子発現の抑制が解除されることも起こる。このような遺伝子発現の変化は、現在の科学的事実として、遺伝子の周りに有機化合物の化学結合が生じてくるためであることが明らかになってきている。即ち、メチル基等の低分子有機化合物からタンパク質やＲＮＡ等の高分子有機化合物を含む生体分子群に至る多種類の分子修飾によって、遺伝子発現のスイッチのオンやオフが影響を受けるのである。このような遺伝子発現の変化によって、個体の形質が後天的に変容する。そして、この遺伝子の分子修飾の状態は次世代にも引き継がれるようになる。これが後成遺伝といわれるものである。

多細胞生物に限らず単細胞生物であっても、生物の細胞が物質を合成する時には、セントラルドグマに沿い初めに特定遺伝子の核ＤＮＡが或るＲＮＡに転写される。その後、細胞内のリボソームでＲＮＡから翻訳されるようにして、タンパク質等の生体高分子が合成されるようになっている。ここで、上記ＲＮＡはｍ（メッセンジャー）ＲＮＡといわれる核酸であり、一重鎖であるが四種のリボヌクレオチドが一次配列したポリマーである。核ＤＮＡの四種の塩基と同様の四種の塩基によって、リボヌクレオチドは四種に分けられる。

ｍＲＮＡへの転写において、塩基の配列に変異を起こすことがある。ｍＲＮＡの変異は転写エラーの他に、有機化合物の分子修飾によっても生じることが明らかになってきている。変異を修復する機能は存在するが、完全な修復がなされない場合には、合成される生体高分子が遺伝子情報の翻訳と異なったものになる。このために形質の変化が生じ、結果として遺伝子の変容が後成的に起こる。

受動的要因

生物は自己複製する。その時に核ＤＮＡも複製されるが複製エラーは不可避である。ｍＲＮＡへの転写エラーの修復と同様に、核ＤＮＡの複製エラーの修復が行なわれるが、例えエラー修復後であっても複製した核ＤＮＡにはある確率でエラーが残る。それは塩基の一次配列の変化であり、塩基の挿入、置換及び欠失等が知られている。この一次配列の変化によって遺伝子変異が惹き起こされるようになる。

地球史の中で、カンブリア爆発と呼ばれる生物の多様化が起こって以来、生物の大量絶滅もこれまでに少なくとも五回は生じている。カンブリア爆発は、地質時代区分では全球凍結が終った古生代初期のカンブリア紀で起こった。多細胞生物は、全球凍結が始まる原生代終期には出現しており、約五億四二〇〇万年前から五億三〇〇〇万年前の極めて短期間にカンブリア爆発を通して多様化した。その後の生物の大量絶滅は、小惑星や隕石の衝突、火山の爆発あるいは超新星爆発等の天変地異によると考えられる。中生代終期の六五五〇万年前となる第五回目の大量絶滅は巨大な隕石の落下による環境の激変を原因とする説が有力である。これによって、その出現から二億年ほどの長期間にわたり棲息した恐竜が絶滅し、サルからヒトに連なる霊長類が出現する新生代になる。

生物の大量絶滅は、地質的年代でみると極めて短期間で起こっている。これによって多くの生物種が消滅する一方で、新たな生物種が雨後の筍の如くに、短期間のうちに出現しているようにみえる。このことは、生命科学の視点に立つと、以下のように説明できる。即ち、或る生物種の絶滅により、生き残った生物種は棲息域を確保でき大増殖する。生物の増殖は自己複製であり、必然的に核DNAの複製エラーと遺伝子変異を伴う。そのために、突然の大量消滅は、残った生物種に対して、量的及び質的に大規模な突然変異を惹起することになる。そして、変異した種が、天変地異後の環境によって自然選択され、新たな生物種に進化することとなったのであろう。このような現象は適応放散ともいわれる。

このように、生物は地球上で生じる天変地異から強い影響を受けることによって形質を変容させる。生物の環境変化による変容は、環境変化が小さい場合であっても、生物の世代を重ねることにより、遺伝子変異を伴って起こってくる。このような生物の環境に影響された遺伝子の受動的な変異が、生物の変容の受動的要因である。

能動的要因

生物の遺伝子変異は、環境の変動によって受動的に生起するのが一般的と考えられるが、能動的に引き起こされることもあるであろう。ここでは生物の擬態について取り上げる。タコや或る種の魚類等は身体の色や模様を自在に変化させる。この変化は体内の情報伝達物質によって生理的になされる。その他にも、陸上に棲むカメレオンやカマキリ等の昆虫は、環境の樹木や草花の色や形に合わせて、空間的あるいは時間的に自在に形質変容させる。このような変容は、個体の神経系あるいは循環器系を備える生物ができることである。これらの情報伝達系を介して、身体表皮の細胞に色素が合成され分泌されて、変容が生じるとされる。

さらに、昆虫には擬態をする多くの種が知られており、遺伝子変異によって、色、模様、形などの形質を変容させている。周りの環境に在るものに似せて個体の身体を変容させ他者を騙すパターンがほとんどである。蛾の一種であるムラサキシャチホコの成体は、枯れ葉にそっくりな形、色及び模様をしている。アゲハ蝶の一種は、若齢幼虫の時期に鳥の糞に擬態し、食物となる植物の葉の上で生活している。また、ハエの仲間であるウシアブあるいは蛾の仲間であるスカシバの成虫は、身体を危険なハチに擬態させている。爬虫類の無毒なサンゴヘビモドキは、有毒なサンゴヘビに模様を擬態させ、派手な真赤な色、黄色と黒色の環状模様をもっている。このような形質変容をもたらす遺伝子変異は、天変地異のような環境変動から受動的に生じるものとは異なり、擬態者が主体となって、年代をかけて能動的に引き起こすものと考えられる。

4　適応機能の淵源

（1）生の基本的相互作用

生物は、生体高分子の構造体である細胞から成り、特有の機能として、代謝と自己複製と適応機能をもっている。物質の代謝では、細胞の中で個体に必要な核酸、タンパク質、脂質、糖質等の生体高分子が造り出される。この生体高分子によって、新たな同じ細胞が自己複製される。自己複製によって、個体の増殖あるいは再生がなされる。代謝及び自己複製の機能は、細胞の内部において、細胞構成要素の間に創発する生の相互作用によって発現するものである。細胞構成要素はいわゆる核ＤＮＡ、細胞小器官、細胞質基質からなる原形質と細胞膜とである。それらは核酸、タンパク質、脂質及び糖質のような生体高分子から成り、高分子特有の熱運動と共に、物理化学的相互作用を行う。さらに、細胞構成要素の間では、ＲＮＡ、タンパク質等の有機化合物の遣り取りが行われる。このような高分子有機化合物における会合などによる凝集、熱運動、有機化合物の媒介作用により、生命作用、調節作用、共働作用のような生の相互作用が創発される。この生の相互作用の下に、高分子有機化合物の構造体は生命を宿すことになる。即ち、一個の細胞になって、生物の特有機能である物質代謝及び自己複製を発現する。生命作用、調節作用、共働作用及び統合作用が生物における生の基本的相互作用となる。ここで、統合作用は多細胞の生物において創発される。

（２）　生の二次的相互作用

これに対して、生物の適応機能は、全ての生物が外部の世界と生物の個体との繋がりにおいて発現するものであり、外界を相手に個体が生を存続させるためのものである。適応機能も生物の特有機能であって、個体の構成要素と外界の対象との間で創発される相互作用によって発現する。以下、このような作用を環作用と呼ぶ。

環作用は基本的相互作用が引き起こす二次的相互作用になる。例えば、生命作用は環境の世界と生物個体との間で生存意欲を引き起こし、個体が自己の存続に適するように、環境あるいは自己の変容に繋がる二次的相互作用を引き起こす。生物の細胞内において、調節作用及び共働作用は構成要素間を調整する作用をもっているが、さらに、生物が群れをなす二次的相互作用の要因になっている。そのため、異種の生物であっても同種の生物であっても、生物の個体は互いに繋がりをもって環境世界の中で生存する。そして、統合作用は生物の個体を環境世界に一体化させる二次的相互作用を引き起こす。

このような生の二次的相互作用とされる環作用は、個体の構成要素と環境世界の対象物との間で創発されるものである。個体の構成要素とは、それが単細胞から成る場合には細胞構成要素であり、多細胞から成る場合には、各細胞あるいは細胞がなす諸器官のことになる。そのために、これらの構成要素の間で遣り取りされ媒介の作用をなす有機化合物の情報伝達物質あるいは情報の神経伝達物質が、環境世界の対象物との間の繋がりをなす作用の創発に関係していると考えられる。生物は外部からの情報に基づき、さらに自己複製による増殖をすることにより、外部に適応するように受動的あるいは能動的に変容する。前者が上述した受動的要因で生じる適応放散の現象となり、後者が能動的要因とした擬態となる。自己複製では細胞核である核ＤＮＡが主役として働いている。

環作用とは、生物個体がもつ情報伝達系および核ＤＮＡ等により構成される適応機構と、環境の世界の間で働くものと考えることができる。この環作用の創発によって、生物個体の適応機構において種に特有の適応機能が発現することになる。適応機構は人間でいえば心のことである。人間の意識は心のうちのある様態であり、意識の働き即ち意識作用が適応機能に含まれる。詳細は第三章で後述する。

第二章　進化学上の人類進化

現生人類は、言葉を駆使し、極めて多くの道具を利用して生きている。言葉には、日常言語、哲学言語、科学言語あるいは数学言語が用いられる。これらの言語によって、多くの概念が表現され或いは創出され、世界が整理されていく。人間は、このように言葉を発達させ、「知の意識」を増進させることによって、生物界で極めて特異な存在に進化している。「知の意識」とは、拙著「進化融合論」で述べているように、人間がもつ知を志向する心のことであり、言語でもって世界を抽象化し普遍化しようとする意識である。

第二章では、人間の本性の一つである「知の意識」によって科学的な事実とされている生物進化について、生物のもつ適応機能との連関から考える。人類進化における適応機能である意識作用の変化を考察していく。

第一節　生物進化

自然界は進化の中にある。人間の「知の意識」によれば、序論で触れたように宇宙が誕生し、その後、空間は膨張拡大しこの世界に在る全てが多様化している。非生命体である物質は、変化の中で、物質のもつ運動能と物質間に働く相互作用との調節によって、環境に適合した凝集をなしている。他方で、生物という生命体は、高分子有機化合物である物質の凝集体であるが、物質の科学的理解としての物理・化学的相互作用のみによって理解できるものではない。生物の進化及び多様化は、生物のもつ生の相互作用及び生の機能を取り入れることによって、把握できるものとなる。

１　生物の多様化

多様な生物は、例えばリンネ式の階層分類により種を基準単位として分類されている。そして、ダーウィンの『種の起源』（一八五九年）により、種は単なる生物の種類でなく、生物進化の実体概念を与える単位ともなった。さらに、あらゆる生物種は共通の祖先をもっており、生物の形質

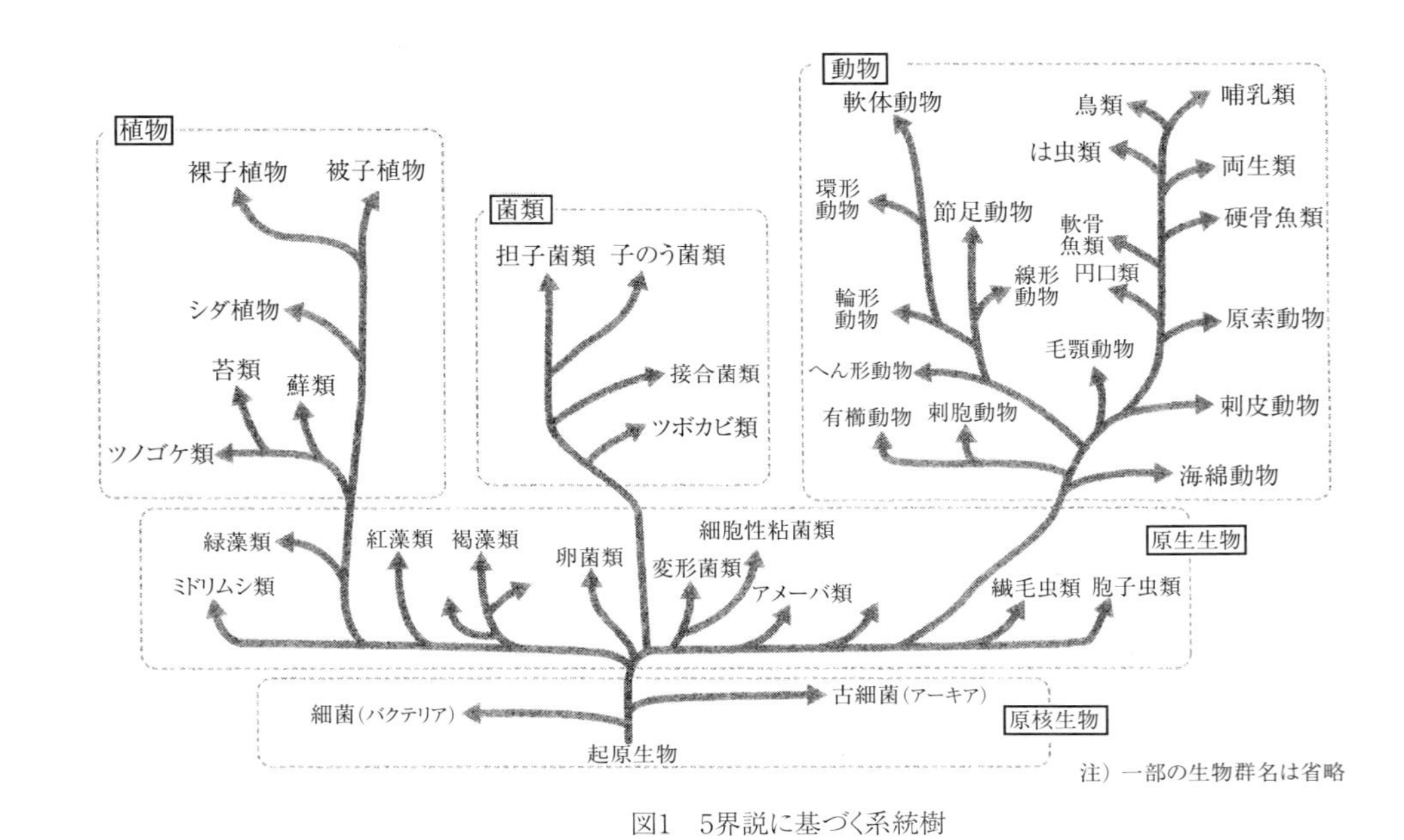

図1　5界説に基づく系統樹
（吉田邦久『好きになる生物学』講談社, 2012年より引用）

上の類縁には実体論的なあるものが関係するという考えにつながった。現在の経験科学ではそれは核ＤＮＡと考えられている。図１は、いわゆる５界説に基づいた生物系統樹の一例である。５界説はホイタッカー（一九二〇―八〇年）が一九五九年に提案したものである。５界とは、原核生物界、原生生物界、植物界、菌界及び動物界のことであり、現存する生物種はこの５界の中に分類される。そして、地球史の中であらゆる生物の祖先として、約四〇億年前には起源生物が誕生していたとされるのである。起源生物は、核酸を含む高分子有機化合物が幾つか凝集し、生命という機能をもった一つの原始細胞であった。但し、起源生物は現存するものではなく、考古学上の実証がなされているものでもない。何れにしても、全ての生物種は共通祖先より地球環境の中で進化をすることによって、多様化して現在に至っているとされる。

原核生物界において現生する原核生物は、一つの原核細胞から成り、大腸菌、ブトウ球菌、枯草菌等の真正細菌である。また、メタン細菌、硫黄細菌、好熱菌等の古細菌もこの原核生物界に分類される。現在知られている真正細菌および古細菌は、それぞれ六千種、二百種程度である。

これに対して、真核細胞から成る真核生物では、生物種が大幅に増加することになる。図１に示す原生生物、植物（陸上植物）、菌類、動物は全てが真核生物である。そして、現存する原生生物界の原生生物の種の数は約六万程度になる。図１では、現生の緑藻類の祖先の原生生物の系統から植物界が現われ進化しているが、現存する植物の種の数は三〇万程度になる。同様に、原生生物の菌類に類縁する系統から菌界が出現し、進化し現存する真菌の種の数は約一〇万程度になっている。さらに、原生生物の繊毛虫類あるいは鞭毛虫類に類縁の原生生物から動物界が現われ、進化し現存する動物の種の数は一五〇万程度である。このように、生物は原核生物から真核生物へそして多細胞生物へと、細胞進化することによって多様化しているようにみえる。そして、地球上の既知の生物は約二百万種程度とされているが、未知の生物を含めると千万種ほどが生息しているものと推定されている。

2　進化の形態

地球において、生物は環境進化し現在も進化している。地球は、約四六億年前の太陽系誕生からの地球進化の中で、原始地球から多くの変動をなし生物の環境を変化させてきた。環境変化は淘汰圧となり、生物進化の方向付けになるものと考えられている。他方で、生物進化が地球環境を変えてきたことも確かである。そのために、生物は地球と共進化してきたともされる。

このように進化した生物は、ダーウィンの進化論以降では、類縁関係の系統樹によっても分類されるようになっている。系統は進化経路を表わそうとするものである。現在、分子系統学あるいは比較形態学は、生物の系統分析に核ＤＮＡの類縁関係を取り入れるようになってきている。そして、真正細菌、古細菌及び真核生物の３ドメインに大きく括る３ドメイン説が有力になっている。しかし、生物の進化は複雑であり、系統樹に沿う縦方向の進化に加えて、例えばウイルスの核酸を介した系統樹の横方向の進化についても知られるようになっている。さらに最近の進化生物学では、進化の過程が実験室レベルでも少しではあるが解き明かされるようになってきている。生物進化についての科学的な理解は今後さらに深まっていくであろう。以下では、生物あるいは生命体のもつ調節作用に着目して説明する。

（１）特異的進化

生物は、物質における化学進化、分子進化及び生命進化を経て誕生したと考える。生命進化は、凝集した幾つかの高分子有機化合物間で創発した生命作用によって起こったことはすでに述べた。このような生の相互作用によって、凝集した高分子有機化合物から成る構造体は物質代謝及び自己複製という生の機能を発現した。また、同時期か少し遅れて適応機能という生の機能を発現した。それが生命構造体である。このような生命構造体あるいは生命体は、原始地球にあって高温・高圧の海底という極限環境で生まれた。それから生物進化が始まった。そして細胞進化をしていくのである。

原核細胞生物へ

現在の生物学では、ウイルス類は生物ではないとされている。ウイルス類には、現在、人間を脅かしている新型コロナウイルス、ノロウイルス、風邪を惹き起こすウイルス等、既知のもので二千種ほど、未知のものを含めると四〇万種類程度が存在すると推定されている。このウイルス類は、自身に代謝の機能がないために、他の生物を宿主として細胞に感染し、細胞の機能を使って自己複製している。

以下では、現存するウイルス粒子を参考に、生命構造体あるいは起源生物について述べる。ウイルス粒子は原核細胞に較べて遙かに簡素な構造をしており、通常の寸法で一／一〇〇—一／一〇程度になっている。構造は、概略すると芯に核酸があり、周囲をタンパク質の殻（カプシッドという）が包む簡素な構造（ヌクレオカプシッドという）である。ウイルスの種類により、核酸はゲノムとしてRNAかDNAのどちらかであり、ヌクレオカプシッドの外側に脂質と糖タンパクから成る被膜（エンベロープという）を有する種も存在する。

原始地球の海洋の形成は四三—四〇億年前頃といわれている。海底で発生した生命構造体は、現存の最も簡素なウイルス類にみられるヌクレオカプシッドに近い構造であり、芯に在る核酸がゲノムＲＮＡであったと推定される。ゲノムＲＮＡを包む殻は擬タンパク質から成り、外界と開放系をなしていた。そして、ゲノムＲＮＡは海底に溶存しているアミノ酸からタンパク質、酵素タンパク質を合成するという物質代謝を始めた。同様に、海底に溶存するＲＮＡの素材である五炭糖、塩基などの有機化合物及びリン酸あるいは酵素タンパク質により、ＲＮＡの自己複製がなされるようになった。

生命構造体が発生した当初は、自己複製が頻繁に起こり、生命構造体の数は増加し高密度になっていったのであろう。そして、それらの凝集が起こり、複数が合体して化学的に安定な複数のＤＮＡが生じ、構造体の大きさも増大した。ゲノムＲＮＡの複製エラーは中立的であり、自然選択の淘汰圧はなかったと考えられる。そして、合体し二重らせん構造のゲノムＤＮＡを有する生命構造体は、海底で比較的に温度の低い領域に集められていった。この様な一連の現象は、物理・化学的な相互作用によって起こったものと考えられる。

このようにして、ＤＮＡを核にもち、活性なＲＮＡ、酵素タンパク質等の高分子有機化合物を有するゲノムＤＮＡの生命構造体が発生することになった。ゲノムＤＮＡの生命構造体が起源生物になっていったものと推定される。起源生物は、真正細菌の根が好熱菌であることから、高温域の生命構造体に繋がるものと考え得る。また、起源生物は真正細菌と古細菌の祖先に位置付けられ、原始細胞は原核細胞に近い。そのため、合体した生命構造体もＲＮＡ等から成るリボソームを獲得していたものとも考えられる。また、ゲノムＤＮＡの生命構造体において、外界との間で種々のＲＮＡやタンパク質等の有機化合物の遣り取りができるようになった。そのため、環作用が創発されて、生命構造体は適応機能を備えていったと考えられる。外界とは例えば海底の噴火孔のような高温・高圧の領域で、ゲノムＲＮＡの生命構造体が発生している環境を含む。環境に対する適応機能によって、ゲノムＤＮＡの生命構造体は海底の広い領域へと拡散していった。このようにして、環境と適応機能とは密接に結びつくことになる。

その後、起源生物あるいはゲノムＤＮＡの原始細胞は、ゲノムＤＮＡから進化した核ＤＮＡを外界の環境から区画し保護するように、特に細胞膜あるいは細胞壁を早くに充実させていった。そして、現生する真正細菌や古細菌のような原核生物が有する原核細胞へと、四〇億年ほどを経て変化していったのである。そこでは、細胞質は比較的に簡素なままに残っていると思われる。

一方、ゲノムＲＮＡの生命構造体で合体しなかったものは、ＤＮＡをゲノムとするようになった生命体を宿主にするようになり、現存するウイルス類へと進化したと思われる。現存のウイルス類は、原核生物が退化し単純化したものであるとも考え得る。生命の初期進化モデルとして、非核酸、ＲＮＡ及びＤＮＡをゲノム物質にし、それらから成る系統が提案されている。しかし、上述した合体モデルも含めて、それらの科学的検証は非常に難しいといわなければならない。

好気性生物へ

真正細菌であるシアノバクテリアは、三二億年ほど前に現われ、光合成により海中に酸素を供給し始めたことが考古学上で知られている。特に二七億年ほど前には、この単細胞生物は大量発生し海水中の酸素量を大幅に増加させ、さらに大気中にも酸素を供給し続けることになった。地球の海洋形成の頃の大気はほぼ二酸化炭素で占められていたが、この光合成の同化作用において酸素に変えられていった。また、大気中に供給された酸素は、太陽からの紫外線と反応しオゾン層を形成するようになる。オゾン層は、低酸素濃度の段階では地表にまで及んでいたが、濃度の上昇につれて地表から高い位置に形成され成層圏に移動し、生物のＤＮＡを破壊する有害な紫外線の地表への入射を防止するようになった。このようにして、地球上の生物は、単細胞の原核生物であるが、酸素を効果的に利用することのできる好気性生物へと偏って進化することになるのである。確かに、現在までに進化し多様化した生物種のほとんど好気性である。図１の生物系統樹の原核生物界で、嫌気性生物は、極限環境あるいは好気性生物の個体内において、少ない種で現生しているに過ぎない。

原核細胞生物から真核細胞生物へ

現在の原核細胞生物である真正細菌の根に一番近いのは超好熱性水素細菌である。古細菌も根に近いのは好熱性である。考古学上では、三五億年前の生物活動の化石証拠があり、三八億年ほど前には真正細菌と古細菌は出現したものと考えられている。三二億年前にはシアノバクテリアが活動しストロマトライトという岩石の痕跡を残している。酸素を有効に利用するプロテオバクテリアのような真正細菌も出現した。これらのバクテリアは海底ではなく、太陽の光が届く海洋上部で生きていくようになった。上述したように、シアノバクテリアは光合成により有機化合物を合成し、プロテオバクテリアは有機化合物を異化により無機物に分解する。その他に、有機化合物を同化により高分子有機化合物に合成する原核細胞生物が数多く出現したことであろう。

真核細胞生物はL・マーギュリスが提唱した細胞内共生のように、アルファプロテオバクテリアと古細菌との共生と合体によって出現した。真核細胞の起源については、本書の参考図書に上げた細胞生物学事典を参照にされたい。さらには、シアノバクテリアが合体することによって、光合成をする動物系あるいは植物系の真核細胞生物が誕生した。このようにしてミトコンドリア、葉緑体等をもつようになる真核細胞生物は、一〇億年程度前には出現した。その他にも、真正細菌と古細菌の共生と合体により、種々の真核細胞生物が誕生したものと考えられる。さらには、三種以上のバクテリアの共生と合体による真核細胞生物の出現もあったであろう。これは、捕食側の原核細胞生物が被捕食側の細胞を消化しないで取り込み、両側の細胞が調節作用を働かせ、一つの細胞内で共生し共存するようになったために起こった。

さらには、このような共生と合体は原核細胞生物と真核細胞生物との間においても生じ、異種の真核細胞生物の間でも起こったと考えられる。ここでは、捕食と被捕食者の関係あるいは宿主と寄生者の関係から、複数の細胞の原形質が一つの真核細胞の中で融合するようになった。

このように真核細胞は、二〇億年ほどの長い年代を経て、核膜に包まれて細胞質基質から仕切られた一つの核ＤＮＡをもち、多くの細胞小器官を備えた構造になっていった。各細胞小器官はそれぞれの膜により区画され、機能分業が明確化された。この真核細胞が生物の多様化に繋がり、５界説における原生生物界、植物界、菌界、動物界の全ての生物の細胞になるのである。

単細胞生物から多細胞生物へ

５界説の原核生物界及び原生生物界の多くの生物は単細胞生物である。そして、植物界、菌界及び動物界の全ての生物が多細胞生物と考えられている。地球史において、多細胞生物は一〇億年ほど前に出現したとされ、真核単細胞生物の誕生から一〇億年ほど後のこととされる。地質年代で辿ると、原始地球に海洋、地殻が出現した冥王代、原核細胞生物が誕生して光合成細菌の出現になる始生代、真核細胞生物が誕生し多細胞生物の出現をみるのは、原生代の後半になるのである。この年代では、地球の全球凍結は無く大気中の酸素濃度は現在の1／5程度で安定していたとされる。

多細胞は、単細胞から分裂した細胞が分離しないで凝集したものであり、凝集した細胞の間にはそれらの原形質の連結が存在している。上述したように、それは有機化合物による情報伝達物質や神経伝達物質によっている。見方を変えると、多細胞生物の各細胞は互いに調節作用により共生していることになる。各細胞は個体における各役割をもった器官を造り上げ合体して、細胞有機体という多細胞生物を成している。

原生代の末期には地球の全球凍結が繰り返され、酸素濃度が急激に増加し始める。そして、顕生代に入っていって目視できる多細胞生物が増大することになる。地球の全球凍結が終り、多細胞生物の多様性が始まるとされているが、例えばエディアカラ生物群のような一部の多細胞生物は、全地球的な捕食と被捕食の生存競争により、絶滅に追いやられたとされる。その後の約五億四千万年前頃になって、カンブリア爆発と呼ばれる生物の多様化が起こり、千万年強の短期間に、現在の動物界の門（分類学上）が適応放散によって全て出揃ったとされる。

多細胞生物がもつ捕食の関係あるいは食物連鎖は、広義には生物の共生であると捉えることができる。生物は互いに他種の生物がもつ生体高分子を利用し同化して自己の生体高分子を造り出している。但し、細胞に葉緑体を有する植物系生物は、光合成による同化作用で無機物から有機化合物を造ることもできる。このような多細胞生物においても、捕食・被捕食という共生と合体によって、異種の生物間の交雑の起こっていることが近年判ってきている。例えば、動物がもつ眼の機能は、光を検知する植物系生物のＤＮＡが捕食者のクラゲに取り入れられ、さらには食物連鎖により節足動物や原索動物のＤＮＡに取り込まれ、その中で進化していった。即ち、図１に示した系統樹において、原生生物界あるいは植物界の植物系生物と動物界の生物との間で、横断的な交雑も起こっているのである。

（2）系統的進化

生物は、アリストテレスにより動物と植物に二分類されて以来この2界説が長く用いられていた。エルンスト・ヘッケル（一八三四―一九一九年）は一八六六年に生物の類縁関係から、植物界、動物界と原生生物界（プロチスタ界）の3界説を提唱し、それを系統樹で表わした。それ以来、進化経路もこのような系統樹によって示される。生物の系統分析では、生物の外部形態、内部形態、機能形態、発生形態等に加えて、核ＤＮＡの形態の類縁関係が使用される。そして、系統において新しい形質の現われるところを進化分岐点とする分岐分類の方法が有用であるとされる。

以下では、生物系統樹に沿った縦方向の進化を系統的進化として説明する。系統的進化は、特異的進化の多発した原生生物界よりも、ほとんど全てが多細胞化し多様化した植物界、菌界及び動物界において明瞭に現われている。その中で、ヒト種を含む脊椎動物亜門を特に取り上げ、大きな系統分類に沿って概説する。

動物系原生生物から後生動物へ

図1の原生生物では、植物（陸上）、菌類及び後生動物にそれぞれ繋がるように、植物系（藻類）、菌類系及び動物系に系統樹が描かれている。最近の進化生物学では、動物系原生生物の中で襟鞭毛虫の核ＤＮＡが海綿動物のものに近いとされる。そのため、このような鞭毛を有する真核単細胞生物が、他の生物による捕食を逃れるために多細胞化し、後生動物へと進化したものと考えられるのである。なお生物間の生存競争は多細胞化の選択圧力になるという実験室レベルの結果も最近報告されている。これは近年の実験進化学の発展による知見であり、本書の参考文献に上げた米国ジョージア大学のラトクリフ氏の論文を参照されたい。

例えば、図1の生物系統樹において、原生生物から多細胞化した真核多細胞生物は外殻に鞭毛あるいは繊毛を形成するようになる。鞭毛や繊毛という形質は、単細胞の原生生物から受け継いだものである。そして、たまたま鞭毛の形質を継いだ多細胞生物が脊索動物として系統進化したのであろう。即ち、一つの鞭毛の動きが多細胞生物の運動に効率よく伝わるように、体の中軸となる脊柱が鞭毛に繋がって発達した。また、繊毛のＤＮＡを受け継いだ多細胞生物は、体軸になるものができず節足動物、軟体動物等へ系統進化したものと考えられる。

脊椎動物亜門における系統進化

脊索動物をはじめとする後生動物のほとんどの門は、カンブリア爆発において出揃ったとされている。そして、形質を異にする生物種が出現と消滅を繰り返し、生存した種が系統的進化をしていると考えられる。

原索動物から魚類へと進化する中で、原生生物から受け継いだ主の鞭毛は尾ビレになり、その副の鞭毛が胸ビレ、腹ビレ、尻ビレと背ビレに変容していった。原索動物であるナメクジウオは光を検知する程度の弱い眼の機能を備えている。これらの形質は脊椎動物亜門の軟骨魚類へと受け継がれている。また、前記脊柱は軟骨になり、さらに硬骨から脊椎骨へと形質変容していくことになる

硬骨魚類への分岐では、ヒレ（鰭）が体から直接に生えた条鰭魚類という系統分類がなされる。これは、現在一般的に見られる多くの魚が受け継いでいるもので、軟条の鰭とさらに浮き袋とを形質にもつ魚類としてよいであろう。その後の硬骨魚類の系統分枝にあっては、図示されていな

いが条鰭以外の新しい形質変容が生じ、細かい系統分類による進化がなされる。これらの生物は依然として海中あるいは水中という環境世界をもち、適応機能によって環境世界の様相を変えているのである。このことについては後で詳述する。

図1の両生類へと繋がる系統分枝にあって、四億年ほど前に出現したとされるハイギョ、シーラカンス等の肉鰭魚類に似た脊椎動物が誕生し絶滅していったと思われる。肉鰭魚類とは鰭の根元に骨と筋肉から成る柄をもつ魚類のことである。この肉鰭がその後に四足に系統進化することとなる。四足という形質により分岐分類されて、例えば両生類に進化する系統分枝と、爬虫類及び哺乳類の共通祖先に進化する系統分枝とが考えられる。

脊椎動物は、四足と共に肺呼吸という形質を系統進化の中で準備することによって、陸上の環境世界に適応できたと考えられる。上陸の時期は三億六千万年程度前の頃と考古学上推定されている。年代地層から、イクチオステガと命名された両生類の化石が、未だ魚類の外形を多くもって発掘されているからである。体長が一メートル強程度の両生類の上陸は、植物あるいは昆虫など小型の節足動物の上陸からそれぞれ六千万年、四千万年程度の遅れになっている。この頃は温暖期で大気中の酸素濃度も二〇体積%と現在に近かったとされている。そして、水中に較べて遙かに強い重力が働く陸上世界へと、脊椎動物はそれぞれの適応機能によって、重力に抗する強い骨格を進化させていった。

　ここで、現生の両生類であるカエルの個体発生から、脊椎動物の系統進化を考察してみる。カエルは、個体の一代で水生から陸生の進化経路を表わしていると考えられるからである。即ち、卵生したオタマジャクシでは、水中での鰓呼吸と尾ヒレによる移動が表出している。その後、徐々に二足から四足が現われ、さらに変態して肺呼吸が現われる。そして、尾ヒレがとれて成体になり陸上生活に入る。現在の生命科学では、各生物における形質は細胞内の核ＤＮＡに情報として書き込まれ、世代にわたって遺伝するとされる。これに則して考えると、両生類の核ＤＮＡには、前述した形質の鰓、尾ヒレ、四足、肺に関する情報が書かれていることになる。そして、カエルの成長と共にその情報は書かれた順に働き始め、あるいは働きを停止し、形質を変容させていると考えられる。かつてヘッケル（一八三四―一九一九年）が唱えた反復説、即ち生物の個体発生は系統発生であるという説が甦る。これは、ダーウィンの『種の起源』（一八五九年）出版後に出版された『有機体の一般形態学』（一八六六年）で説かれたものである。

　しかし、脊椎動物における水生から陸生への進化経路は単純な系統進化で説明できないのである。この進化経路では、鰓呼吸から肺呼吸へと形質変容する系統進化が一律に起こっているとはいえない。即ち、硬骨魚類ではその逆の系統進化になる肺呼吸から鰓呼吸への変容が生じ、不要になった肺は浮き袋に変質している。このことは、両生類へと繋がる系統分枝に位置付けられ、生きた化石とされるシーラカンスにも当てはまるのである。

以上のことから、系統的進化においては、幾度となく繰り返される形質変容は、生物の核DNAに情報として累積して刻まれていく。そして、この変容の痕跡は遺伝子として後代に引き継がれたものといえる。しかし、遺伝子の発現は、系統図の縦方向の系統進化の通りに一律に生じるのではない。その発現は、生物がもつ環境への適応機能にも依存していると考えられるのである。

生物の系統的進化では同じような事例は種々にみられる。その大きな二例を付け加えると、卵生と胎生の形質変容、陸生に進化した哺乳類の水生への回帰が挙げられる。前者についてみると、進化経路において卵生の形質が胎生よりも早い時期に現われたと考えられるが、生物種によってはその順が逆になっている。例えば、哺乳類のカモノハシやハリモグラは胎生から卵生へと形質変容している。また、ハイギョを含む魚類は卵生であるが、シーラカンスやタツノオトシゴは胎生を示している。そして、後者についてみると、陸生に進化したはずの哺乳類のうち、クジラ、シャチやイルカ等は水生に逆戻りしているのである。これらの事例によっても、生物の形質に関わる遺伝子の発現は、系統進化の中で一律に生じないこと、生物の有する適応機能によっても支配されていることが理解される。

次に、両生類から爬虫類に繋がる系統分枝では、進化経路において新しい形質である羊膜が獲得され、その情報が核ＤＮＡに追加され書き込まれた。羊膜とは、爬虫類、それから分岐する鳥類、そして哺乳類の胚発生の際に胚体を直接包む胚膜のことである。さらに哺乳類の全ての共通祖先は、毛と乳腺という新しい形質を獲得することになる。このような系統的進化が幾度となく繰り返され、その度に新形質に関する情報が核ＤＮＡに刻まれて、現生の例えばヒトという生物種が存在する。

現在の進化発生学では、前述のヘッケルの提唱した反復説と実体の間で矛盾する形質変容が指摘されている。本書では、その原因として、生物の系統進化にはその特有機能の一つである適応機能が発現しているためと考えた。その他にも多細胞生物間における捕食と被捕食の関係から生じる、横断的交雑も原因になっている。生物進化は系統樹の縦断的進化のみではない。原核細胞生物から真核細胞生物への進化では、一次、二次共生といわれる細胞内共生が正にこの横断的交雑である。現在の原核細胞生物である細菌間において、細胞小器官のプラスミドのＤＮＡが遣り取りされ、薬剤耐性菌が進化することも明らかになってきている。これは、耐性遺伝子をもつＲプラスミドが同種あるいは異種の細菌間の接合により生じる。これも横断的交雑である。このように、生物は全てが互いに種々の方法によって、それらの共通の生を存続させようとする。

第二節　進化における適応機能

生物は高分子有機化合物という物質から成る。それは細胞という構造体をなしており、生の特有機能を発現する。その第一が物質の代謝機能であり、第二が自己複製機能であり、第三が適応機能である。第一章の生の相互作用のところで触れたが、代謝機能は生物に必要な生体高分子を生成する働きであり、通常の物質にその機能はない。自己複製機能は、代謝機能で合成する生体高分子でもって、生の構造体を生成し自己を再生する働きである。適応機能とは自己の生を存続させるための生存の機能である。このような特有機能が生物における生の理（ことわり）といえるものである。第一と第二の特有機能は、生物個体の構成要素の間における生の相互作用によって発現するものである。即ち、これらの機能は、生物の個体内という閉じられた系で起こる。これに対して、第三の特有機能は開放系をなしている環境の世界と、生物の個体との繋がりにおいて発現するものであって、外界を相手にして起こることになる。このため、生物がもつ適応機能は環境世界に密接に結びつくことになる。

1　環境世界と適応機能

生物学者のユクスキュル（一八六四―一九四四年）は、行動学の立場から、動物の知覚世界と、行動の作用による作用世界とを環世界または環境世界と称した。本書で展開する環境世界とは、生物が働きかけ、感覚等の刺激反応をし適応変容をすることにより、原世界から構築される世界である。原世界は、生物の適応機能が対象とする外部の世界になる。

（1）　環境世界の具体例

生き物は、地球の種々の場所、例えば野山の森、土壌、川、沼、湖、海、大気そして極限環境といわれる深海の底や地殻の深部に至るまで、生存の場を設けている。現在の生物種の数は一千万ほどと推定されているが、生き物はそれぞれの生存の場に独自の環境世界を展開している。以下、環境世界について具体的な例で示す。

モグラの世界

モグラという哺乳動物は、土の中に小さな横穴を四方に張り巡らして生活をしている。視覚の無い暗闇にあって、発達した嗅覚を頼りに環形動物のミミズあるいは節足動物の昆虫の幼虫等を捕食する。捕食物が少なくなると、別の所へと坑道を拡げていく。モグラは土に対して手足を触れて引掻き、鼻先をつけてみることで、土の温度、湿度、硬軟度、その他の土質を感受する。また、地中に存在している数多くの事物を感知し、さらには地上のできごとも震動を通して察知している。地中の事物は、土壌、砂礫、石、腐植物、微生物、植物、菌類、昆虫等である。モグラは、特有の感覚作用によりこれらの事物を感知し、事物に働きかけ、あるいはそれらの事物からの刺激に対する反応をする。モグラにとって、この開かれた世界が環境世界となる。モグラは環境世界と一体となって変容し生存し続けようとする。

カタツムリの世界

地上に生息するカタツムリという軟体動物は、危険の時に身を引っ込めて守ることのできる渦巻状の貝殻を背負っている。緩やかに滑って這う動きの中で、発達した触覚を頼りに植物の茎、葉、実あるいは落ち葉や朽ち木を食物として生活している。また、二対の触角のうちの長い方の先端に目がある。それは光の明暗を感じる程度であるが、触角の自在な動きでもって広範囲な視野の明暗を感知することができる。カタツムリは、貝殻を除く身体の全体が触覚の機能をもち、周囲に触れながら慎重に手探りして、環境に働きかけている。このようにして得られる世界がカタツムリの環境世界である。

鳶の世界

鳶はワシ、タカ科の鳥類に属し、野山、河辺あるいは海辺の上空で輪を描いて滑空している。発達した視力は、人間の視力を一―二とすると、八―一〇程度になるといわれている。その高い視力でもって、眼下で生きている小動物や魚あるいはそれらの死骸を探し捕食している。この猛禽類は上空の空気の流れに働きかけて、自己の体を水平に保ち続ける。このようにすることによって、見下ろす地形はブレ無く鮮明になり、捕食物の探索が的確になる。鳶にとって、空中から俯瞰する高精細に拡がる景色は環境世界の骨格をなしている。この鳥は、攻撃性が弱く争いを好まないが、時折放たれるピーヒョロロという鳴き声を発し、その一体の世界の縄張りを主張する。

犬の世界

犬は人間と共生している動物である。元は野生のオオカミである。後期旧石器時代、クロマニョン人の出現以後になって、人類と一緒に生活するようになったと遺跡などから考えられている。その後、人間による家畜化が進み、現在では家畜種の中で最も人に馴化し、人間と心が通じ合える生き物になっている。犬は人工交配によって数多くの種類になっているが、嗅覚は人間の百万―一億倍に達するといわれる。そのために、犬が働きかける環境世界は、視覚の下で捉えることのできない分子あるいは高分子の物質や生き物も対象になり、生物間の情報伝達物質を認識している世界であるかもしれない。犬の聴覚は人間の二万ヘルツよりさらに高周波数帯の四万六千ヘルツまで達し、音による環境世界も人間の場合よりも格段に広い範囲に及んでいる。犬が嗅覚及び聴覚により感受している具象世界を、人間の脳に伝達することができるようになると、犬と人間の心の交流はさらに深まることになるであろう。

犬は、人間との共生において、人間に対して多くの調節を行なっている。それは、人間が犬に対して払う調節に比べて遙かに強いものであり、犬本来の機能を犠牲にしたものであろう。それによって、犬の適応機能は野生のオオカミのそれとは異質なものへと変化し、両者の環境世界は、犬の種類にもよるが、人間を介して歪み変容するため、互いに異なるものになっている。

ニホンウナギの世界

水の中で生息する生物の環境世界として、ウナギの場合を取り上げる。ニホンウナギは海水と淡水を生活圏にする条鰭魚類に属する。日本の河川湖沼でみられるウナギは、二千キロメートル南方のマリアナ諸島沖で産まれ、稚魚は海の中を回遊しながら黒潮にのって北上し、シラスウナギに成長したころに日本の河川を遡上する。その後、河川、湖沼などの淡水域で一〇年ほど生活し、マリアナ諸島沖の産卵場所へ回帰する。ニホンウナギは、磁気感覚の機能を働かせて、広大な環境世界を造り上げているのである。地磁気を感知することによって、遠距離を回遊することができる。鰓呼吸と共に皮膚呼吸もすることができ、水中の生活と共に陸上生活も例えば一〇時間程度は可能であるとされる。人間の千万倍以上に達する嗅覚は、視覚の弱さを磁気感覚と共に補うことによって、生存に充分となる環境世界を形成している。この機能は、食料となる小魚、甲殻類、昆虫等の捕食に必須なものになっている。ニホンウナギは地球史の中で一億年以上は生存を維持してきた。しかし、最近は絶滅危惧種に指定されている。この絶滅の危機が人間によりもたらされていることは明らかである。

植物の世界

次に植物がもつ環境世界について桜の木を例に考察する。

日本全土には多くのソメイヨシノという種の桜が植えられている。この桜は数回の品種改良を経て創られたものである。春になると若葉に先んじて多くの花が開く。この花は有機物質からなる情報伝達物質を四方八方に放散し、昆虫や鳥をその周りに惹き寄せている。この情報伝達物質は、人間の嗅覚で感知できる仄かな香りの他に、人の感知できない多種類の有機物質を含んでいる。惹き寄せられた動物は花の受粉に協力することになる。

その後、桜の木は一週間程度で花を散らし、多くの緑の葉で装うことになる。葉は薄い緑の若葉から濃い緑の青葉へと、春夏の季節に同期して移ろっていく。緑の葉の色あるいは葉から発せられる有機物質からなる情報伝達物質を頼りに、種々の昆虫が集まり幼虫が産まれる。さらに、その幼虫を捕食する鳥が集まってくる。桜の木は枝や幹から樹液を出す。カブト虫、クワガタ虫、セミ等の多くの昆虫が桜の木の樹液を求めて集まってくる。桜の木は自身が動けない代りに、動物に較べて多量の情報伝達物質を周りにまき散らすことによって、見かけより広い領域の環境世界を築いている。その中で、自身は光合成によって生き物の糧になる高分子有機物を造り出しているのである。

秋季になると、濃緑であった木の葉は黄色くなって落ち葉となり、茶色に変色して木の周りの地面に堆積していく。落ち葉は、虫など多くの小動物、落ち葉を無機物に分解する微生物等をその下に惹き寄せる。冬季になると、それまでの活動を止めて休眠に入り、再び春が来るのをじっと待つ。その間に次の春季の活動の準備をしている。

陸上植物には、年中緑の葉をもっている草木の他に、シダ植物、苔類、食虫植物など種々の形態のものがある。何れの植物であっても、周囲との情報交換を動物以上にしながら、それぞれの環境世界を築いているものと考えることができる。

生物にはその他に、菌類、原生生物及び原核生物が地球上に生息しているが、全ての生物はそれぞれの環境世界を有して生存するものと考えられる。

（２）　適応機能による世界

第一章で詳述したように、適応機能は全ての生物が有している基本的機能の一つである。それは、開放系をなしている生物の個体が外部と共に生存していくための必然的な生の機能なのである。この機能は、外部に働きかける作用と、外部の刺激に対する反応及び変容を主なものとした。なお人間の意識作用といわれるものが、この適応機能に属するものであることは後述する。外部との開放系の中に存る生物の個体は、適応機能により構築した世界をもっている。以下、このような環境世界について述べていく。

個別の環境世界

生物はその種によって異なる環境世界をもっている。この個別の環境世界が生じる要因について以下に分析してみる。

環境世界は、生物種に特有の適応機能が原世界を対象として構築する世界といえる。具体的な例で示したように、生き物は色々の感覚作用によって、自己の周りを感受する。これは外部からの刺激に対する反応の一つである。この感覚には、人間の例でいえば視覚、聴覚、嗅覚、味覚及び触覚の五感といわれるものが上げられる。その他に、ニホンウナギの例のような磁気感覚、カモノハシの電気感覚などを取り上げることができる。また、植物、菌類、原生生物及び原核生物であっても、有機化合物からなる情報伝達物質を感知する何らかの機能が備わっている。

しかも生き物の感覚作用にはそれぞれ異なる界域がある。視覚についてみると、人間が感知できるのは可視光といわれる範囲であって、赤色から紫色の範囲である。光感度は黄緑色の辺りがピークであり、波長の長い赤色と波長の短い紫色の両側にむかって感度が低下する。太陽光の光強度はちょうど黄緑色の波長域で最大であり、人間の視覚感度は太陽の自然光に合わせて進化したともいわれる。これに対して、例えばアゲハ蝶のような複眼の昆虫では、感知する色相が人間の場合よりも広範囲にあるとされる。人間では、赤色、緑色及び青色の三色が基本色になるが、アゲハの場合は、さらに紫色と紫外領域色とが加わった五色が基本色である。そのため、人間の視覚外の紫外線を感知できることから、アゲハ蝶のもつ色覚の界域は人間よりも広く、世界の色彩は豊かであると考えられる。

視覚における視力でみると、一般に鳥類は人間の六倍以上の界域をもっている。特に猛禽類は八—一〇倍程度になるといわれる。そのため、例えば鳶は上空にあって高精細な俯瞰世界を描いていると考えられる。

さらに、視覚についていえば、光の特性である偏光を感知する機能をもった生物がいる。アゲハ蝶の仲間は、電磁波である光の振動面の違いを感知できる。この偏光を通した世界の感受が如何なるものかは人間には想像できない。偏光の尺度も視覚における界域とすることができる。

生物がもつ感覚作用における界域は、聴覚についてもよく知られている。人間の聴力は二〇—二万ヘルツであるが、犬では五〇—四・六万ヘルツ、コウモリでは三千—一二万ヘルツ、ハチノスツヅリ蛾では四〇—三〇万ヘルツとなっている。しかも、音の周波数帯における感知能力は生物種によって異なったものになっている。

同様に嗅覚では、犬は人間の百万—一億倍の能力を有している。このため、人間とは異なる環境世界を認識していることであろう。味覚も嗅覚と同様に分子や高分子あるいは有機化合物が対象となっており、生物によって異なる界域がある。さらに、有機化合物からなる情報伝達物質の感知にあっても、生物種によって界域は異なるものになっているであろう。

生物は種によって異なる感覚作用を働かせる。感覚作用の違いが生物種に個別の環境世界を創り出す大きな要因になっている。同様に、生物に特有の形質及び行動という作用も、生物種に個別の環境世界を創り出す要因となる。このように、生物は、それぞれの適応機能と一体となる環境世界を形成し、その中で生存する。環境世界は生物の主観の世界ということができる。

汎世界

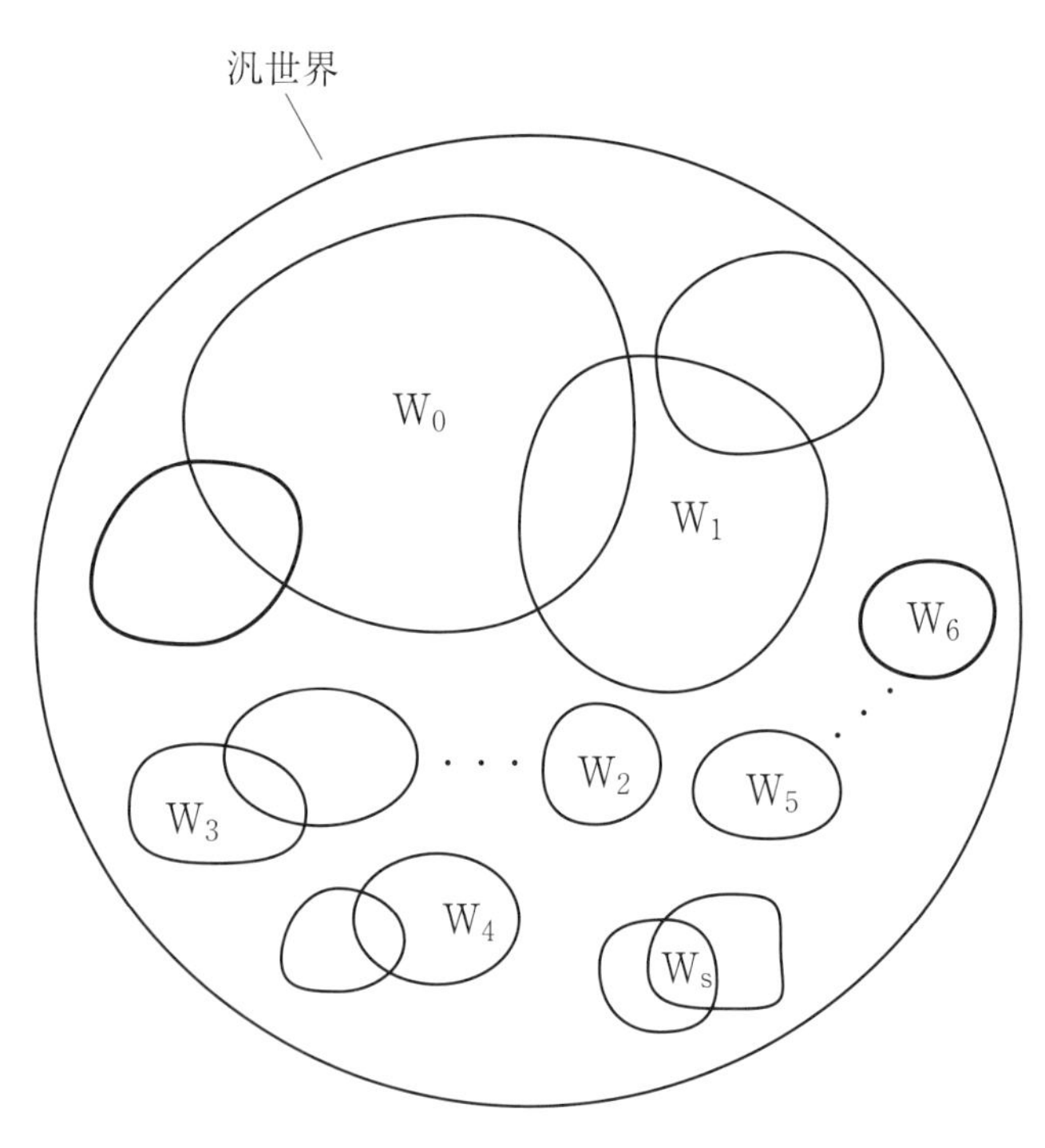

図2　生の汎世界

生物は種によって異なる個別の環境世界をもち、環境世界は生物種の生存を維持するための環境であり、固有の生活圏を成していた。この生活圏は生物種に特有の適応機能によって構築されるものであって、外界との開放系の中にいる生物種にとっては、一般的には一体になっているものである。以下は図2を参照にして議論を進める。

図2は、生の汎世界を表わす概念図である。生物種

による個別の環境世界をそれぞれW_0、W_1、W_2、W_3、W_4、W_5、等で表わし、全ての生物種にかかる総和を汎世界とする。

生物の種々の環境世界は、これらの生物種によって互いに異なるところもあり、互いに重なって同質になったりあるいは一致する部分もあるであろう。例えば、人間の環境世界W_0は犬の環境世界W_1と一部が重なったものになっている。人類と犬は後期旧石器時代から互いに助け合い、長い期間をかけて共生関係を育んできた。そのために、生活圏の一部は互いに重なる構造になっている。しかし、嗅覚作用から得られる世界では、犬は人間に較べて遙かに宏大で奥深いところを有している。聴覚作用による場合でも、豊富な空気震動の世界を得ている。犬の環境世界W_1は全般的に具象の世界になっているものと考えられる。これに対して、人間は犬に較べて狭い界域の感覚作用を有するが、犬には無い抽象化の能力を発達させている。これによって、具象の高精細な情報では捉えることのできない諸事物の間にある関係が把握される。また、人間は進化の過程で言葉を獲得し、それによる伝達情報によっても世界を創り出している。さらに、人間は人工造成物である道具を援用することによって、感覚作用あるいは行動の作用の界域を拡大している。例えば、前者では顕微鏡、望遠鏡、赤外線／紫外線の映像器機などの観測器機が発明され、後者では飛行機あるいは人工衛星、潜水船など種々の行動支援機器が創出されている。このような道具は、前期旧石器時代の石器に始まり、土器、金属器の発明を経て、現在では人間の脳を擬した人工知能を備えたものへと進展している。

図2の生の汎世界には、その他に具体例で説明したようなモグラの環境世界W_2、カタツムリの環境世界W_3、鳶の環境世界W_4、ニホンウナギの環境世界W_5、植物の環境世界W_6などの多細胞生物種の環境世界が含まれる。さらには、具体例では説明していないが、単細胞生物種の環境世界W_Sも含まれる。そして、例えば図1（七〇頁）の5界説の全生物の生の汎世界となる。汎世界は、上述した原世界とは異なるものである。原世界は、全生物が共通して対象とする外界の世界であり、人間にとっての客観の世界になるからである。

2　環境世界における進化と適応機能

生物は、それぞれの種が個別の環境世界をもち、それらの総和としての環境世界である汎世界を創り上げている。このような環境世界は生物の特有機能である環境への働きかけ及び刺激反応を介して創り出されるものとした。生物とその環境世界は一体であり共に進化していると考えられる。

（1）能動的な形質変容

環境世界での刺激反応において、生物は外界からの情報に反応し自己の存続に繋がるように行動する。刺激情報は大別して苦、楽、捨の三種類に情報加工されると考える。苦は生物の存続を否定しようとするものであり、楽は生物の存続を肯定し、捨は苦と楽のどちらにも属さない感受である。各生物は環境世界あるいは汎世界の中で苦楽捨となる刺激を交互に受けている。このような外界刺激に対して試行錯誤しながら、生物は反応し経験学習を繰り返すのである。感受は有機化合物の情報伝達物質あるいは神経伝達物質を介してなされる。

生物は苦を強く感受すると形質変容する。人間は、気候環境によって皮膚の色を変え、生活習慣によって視力、聴力等の機能形態を変容させている。また、タコ、魚類にみられるような変態は、外部形態の変容として多くの動物の生活圏で起こっている。植物においても盆栽の例のように、外部形態の変容が容易に生じる。これらの形質変容は、第一章二節3「形質変容」で触れたような心理的要因あるいは生理的要因で生じる、生物個体の能動的な変容になっている。生物個体において変容した形質は、環境世界で優位な形質となって次世代へと引き継がれる。

同じ様に、生物個体の生活習慣や学習などの経験によって形質が変容し、形質が次世代に引き継がれる。これは、後成遺伝として科学的事実になっている。ここでは、核ＤＮＡ配列の変化による遺伝子変異はなく、遺伝子の発現の変化が起こり、その発現変化が次世代にも遺伝するのである。このような遺伝子変容も生物の能動的な形質変容を引き起こすと思われる。能動的要因（六三頁参照）で説明した擬態にみられるように、遺伝子変異を伴った能動的な形質変容が起こる。

生物の進化は、能動的な形質変容という適応機能によっても行われると考えられる。この進化の考え方は、生物の獲得形質が遺伝するとしたラマルク（一七四四―一八二九年）の用不用説に通じ、ダーウィンの進化論における自然淘汰（自然選択）の枠組みを不要にするようにみえる。適応機能とのかかわりについての考察は次の受動的な形質変容の後でまとめて述べることにする。

（2）受動的な形質変容

生物は自己複製を通して再生あるいは増殖する。その時、核ＤＮＡも複製されるが複製エラーは不可避である。しかも修復機能によってもエラーは皆無にできず、ある割合で残る。そして、必然的に遺伝子変異が惹き起こされて、生物の受動的な形質変容が多世代をかけて適応進化する（六一頁参照）。遺伝子変異では、生物種の環境世界において優位となる形質変容、劣位となる形質変容あるいは中立である形質変容が起こる。これらの形質変容が、幾世代かの遺伝子変異により重ね合わされ、あるいは組み合わされて、生物種は環境世界で適応進化する。それと共に環境世界も変化していく。

多世代にかけて劣位の形質変容が組み合わさると、その生物種は環境世界で苦を感受し続けて絶滅する。それと共にその環境世界も消滅する。そして、汎世界も変容し他の生物種の活発な自己複製による増殖が盛んになる。それに伴い自己複製エラー数は増大し、受動的な形質変容による新たな生物種が出現してくる。また、中立的な形質変容のみでは、生物は環境世界からは捨の刺激情報を受け続けることになる。その場合には、生物種の進化は休眠の如く停止する。例えば、生きた化石として、三億年ほど前に出現したゴキブリ、同様に四億年ほど前のシーラカンス、五億年ほど前のオウムガイなど多くの生き物が現生している。それらの生物種は適応機能によって、環境世界の方を変容させていることもある。また、一つの生物種において多世代にわたる優位の形質変容が起こることは無いものと考えられる。

第二章一節の生物進化では、生物の形質系統的進化すなわち生物系統樹を縦断する従来の進化の考え方と、系統樹を横断的に進化する考え方とが示された。何れも環境進化すなわち本書でいう環境世界における進化であるが、後者の横断的な進化と生物の適応機能の関係についてはさらなる考察が必要である。

横断的な進化は、生物間の食物連鎖を起因とした細胞の共生と合体により起こっている。例えば、細胞内共生、多細胞間共生、異種の核ＤＮＡの部分結合などが、食物連鎖を介して生じ生物の形質変容をもたらしている。このような形質変容は上述した受動的なものでなく能動的な形質変容に近いものであるが、自然選択の役割を必須にしている。また、前述の能動的な形質変容において、生物個体の自己選択の役割が働いているようにみえるが、生物の自然淘汰の圧力も不可避なものになっている。

受動的な形質変容では、生物の自己複製エラーを起因とした遺伝子変異が主な役割を担っていた。この遺伝子変異において、環境からの変異圧力はない。いわゆる中立説は核ＤＮＡの変化は環境適応に有利でも不利でもなく、中立的であるとする。しかし、生物の適応進化は科学的事実になっている。これらのことを考えると、生物進化における形質変容は、生物の特有機能の一つである適応機能によるものであると考えられる。適応機能は、生物の環作用の創発から発現するものであり、ラマルクの用不用説における目的論に則したものではない。

（３）　環境世界の変容

第一章において、生物が有する適応機能について考察した。それは、物質代謝、自己複製と共に生物の特有機能として位置付けられ、環境への働きかけ、刺激反応及び形質変容等によって構成されるものであった。環境世界は適応機能によって構築される世界となる。即ち、環境世界は、生物の行動を惹き起こす能動的な外界への働きかけ等によって形成される。その世界は、生物にとって、諸事物の意味及び関係と、時間空間の広がりとを含んでいる。また、刺激反応において受動的である感覚作用によって、外界の情報が得られ、諸事物として認知される。そして、生物が能動的あるいは受動的に形質変容することにより、外界の苦を低減しようとする。これにより、環境世界は変容する。

生物は形質変容によって適応進化する。生物種の進化では、中立または優位の形質変容はその生物の外界への働きかけにおける様相を変える。例えば脊椎動物の進化において、条鰭魚類から肉鰭魚類への形質変容は、魚類の外界への働きかけが水中から陸上へと変化することを可能にした。即ち、条鰭魚類の行動の作用により得られる生活圏はあくまで水中であったものが、肉鰭魚類は水中から陸上との境界領域をも生活圏にするようになる。そして、その肉鰭は、水辺あるいは干上がった沼地でも行動を可能にして、完全に陸上に適する両足への進化に繋がることになったのであろう。人類の進化にあって、直立二足歩行という形質変容は、人類の外界への働きかけを樹上から地上へと変化させた。これによって人類の生活圏は大地の上になり、複雑な活動の展開により脳と発声器官の進化が生じることになった。

このような生物の形質変容は、外界からの刺激反応の様相も変化させることができる。生物の感覚作用の一つである視覚作用について考えてみる。

一般に光は種々の物質と物理的な相互作用をする。生体高分子から成る一部の生物は光に反応する光受容タンパク質をもち、原核生物であるシアノバクテリア、原生生物である藻類、植物、菌類は光合成をすることができる。また、ミドリムシ等の動物系原生生物そして後生動物は視覚を可能とする。視覚器官は現生する多くの動物種の必要性に応じて多様になっている。例えば、光受容体が体表に露出する眼点、光受容体が体表からくぼみの中に後退しているカップ状眼あるいはピンホール眼、くぼみ（眼球になる）が透明な体液で満たされた眼、眼球に簡単なレンズが形成されたレンズ眼、調整型のレンズをもつカメラ眼などがある。これらは単眼であるが、多数の個眼の束状集合体という別の光学システムをなす複眼もある。眼点は周囲の明るさを感じるものでミドリムシも備えている。ピンホール眼は光の方向をよく感知し解像度の低い視覚をもち、オウムガイ、プラナリア、カタツムリなどが備えている。眼球となった眼は外界から光受容体を守ることができ、環形動物のゴカイなどが備える。簡素なレンズ眼は原生生物の渦鞭毛虫、刺胞動物の一部のクラゲ、軟体動物の具類などが備えている。そして、カメラ眼は哺乳類を含む多くの脊椎動物、タコ、イカなどの頭足類あるいは刺胞動物のハコクラゲ類などが備えている。なお複眼は節足動物の昆虫類、カニ、エビなどの甲殻類などが備えている。

　このような生物の視覚器官における形質変容は、眼点、ピンホール眼、レンズ眼、カメラ眼の順に高くなる視覚機能とは無関係に、行動の作用をする動物群の系統的進化の中で発現している。例えばカメラ眼への形質変容は、鳶の眼のように解像度が高く高精細な視覚作用を可能とする。ピンホール眼への形質変容は、光受容体を保護し、光の方向と感度を優先する視覚作用を可能にする。またレンズ眼は、ピンホール眼がくぼみの開口部における光の回折でぼんやりした像を得るのに対して、眼球の体液が一部変容したレンズの屈折で少し解像度の高い像を得るようになる。生物は、視覚器官の形質変容を通して、それぞれの視覚作用という様相の変化した刺激反応をする。それぞれの生物の環境世界は、このような刺激反応によって、その一部が形成され変容を受けることになる。また、生物の環境世界は、外界への働きかけにおける様相の変化によっても変容を受けることになる。

　生物はそれぞれの変化する環境世界で生存し、その中で適応進化するものと考えられる。生物は起源生物から受け継ぐ生を存続させるために、種の間の生存競争も含む広義の共生をしている。そのため、或る生物種の消滅あるいは進化によっても、他の生物種の環境世界は変容する。これらのことは、生物の適応進化が種の間で繋がっていることを示しており、全ての生物が受け継ぐ生を存続させるという心の現われである。このように、図2で説明した全ての生物が成す生の汎世界は、各生物種の環境世界の変容と共に、地球史の中にあって変化を続けていることになる。

第三節　人類進化の特徴

通常、生物の進化は多世代をかけて顕在化するものである。それと共に、生物種の適応機能も変容していく。人類は哺乳類の系統進化の中で誕生し、外界の中で生存していくために適応機能を発現させてきた。生物の適応機能は、環境の世界と一体となり生存できるように働くものである。現生人類は、「知の意識」と共に「生の意識」をもっている。この「生の意識」とは生を志向する心であり、平時においては潜在意識として自覚されない。これは人間に残された本能の領域に属し、その意識作用が生物の適応機能から派生したものになる。これに対して、「知の意識」は本章の冒頭で触れたように知を志向する心になる。生物界にあっては、これらの意識における進化が人類を特異的な存在にしている。なお「生の意識」では、約七百万年の人類史にあって、その根幹をなす生存、一体および共生という意識はほぼ旧態依然としたままである。しかし、「知の意識」では、その進化は、人類が大きな集団社会を造り出し社会進化する時期から、その度合いを速めている。その時期は人類が定住し農耕牧畜生活を始める新石器時代になる。

人間の個別意識は第三章において扱うことになる。それらの複合した意識が「生の意識」、「知の意識」のような複合意識とされ、生物の適応機構と繋がることになる。このような意識は考古学上で直接的な痕跡として残っていない。以下、意識の進化について、その意識作用の結果として残されている間接的な物証と、現在の人間個体の成長過程とを主な手掛りにして考察していく。

１　意識進化の背景

人類の適応機構である心あるいは意識は、生物としての形質であって、変容する。それが人類進化を特徴づけている。そこで、この意識の形質変容を意識進化とし、以下その背景について考察する。

（１）　先史時代

現在の比較認知科学のような経験科学において、人間の心と他生物種の心との類縁関係がどの程度まで解明されてきているのか定かではない。しかし、人間がもつ心の近縁種には、少なくとも現生のチンパンジー、ゴリラ等の類人猿が含まれていることは確かなことであろう。

猿人について

現在の考古学では、約五五〇〇万年前にサルなどの霊長類が出現し、二五〇〇万年ほど前に類人猿が出現したとされる。そして、約一四〇〇万年前に現生人類につながる系統からオランウータンにつながる系統が分岐した。さらに、千万年ほど前にゴリラにつながる系統が分岐していったとされている。その後、約七百万年前になって、現生人類につながる系統が、チンパンジーとの共通祖先から分岐し、猿人へと進化していくのである。現生人類の祖先とされる猿人、あるいは次の原人、旧人及び新人は人類進化を表わす俗称である。以下では、ヒト科の一つの系統樹を基にしたヒト族がホミニンと呼称され、共通祖先から分岐後の全ての人類種を指す用語に用いられる。

猿人は全てが化石人類としてアフリカ大陸に分布している。現在、最古とされるのは七百万年前に遡る化石であって、サヘラントロプス・チャデンシスといわれ、類人猿とホミニンの分岐年代に近い。その後、オロリン属、アルディピテクス属、アウストラロピテクス属（華奢型）、パラントロプス属（頑丈型）等のホミニンが順に出現する。そして、一部は並存した。特にアウストラロピテクスは多数の新種に枝分かれし、同時期に六種ほどが並存していたとされる。なおパラントロプス属は頑丈型アウストラロピテクスの系統に分岐したものともされ、一二〇万年ほど前の化石が出土している。

これらの猿人は、化石の骨格から全てが二足歩行していたとされる。また、脳（頭蓋）容量では、四四〇万年前頃の地層から多数出土しているアルディピテクス・ラミダス種は、三五〇ＣＣ程度を有し、紀元前三百万年頃に主に生存したとされるアウストラロピテクス、アファレンシス種は、四百ＣＣほどになっている。さらに、パラントロプス・ロブストス種は五百ＣＣ以上になる脳容量をもっていたとされる。このように、猿人の脳容量は、現生のチンパンジーと同程度からそれ以上に、年代が下ると共に緩やかに増大している。

猿人は、初めは森林地帯と周りの疎開林で生活していたが、アフリカの乾燥化により草原が広がってくると、生活圏は徐々に樹上から地上へと変わっていった。アルディピテクス・ラミダス種は、足の指が手の指と同じように物をつかめる構造になっており、オロリン・トゥゲネンシス種と同様に木登りがうまかったとされる。そして、アウストラロピテクス属とパラントロプス属のホミニンは、アフリカの大地溝帯等の草原を狩猟採集の生活圏として広く拡散するようになった。

原人について

上述したアウストラロピテクス属がパラントロプス属と現生人類につながる系統とに分岐したとされる。後者がヒト属（ホモ属）である。初期の原人とされるのがホモ・ハビリスである。この種は後期のアウストラロピテクス属からつながったものとされ、一六〇万年ほど前まで生存していたとされる。そして、ホモ・エルガステル種やホモ、エレクトス種などが出現したとされる。特にホモ・エレクトスといわれる原人は、大人数でアフリカを出た最初のホミニンであり、その化石がユーラシア、ヨーロッパ、アジアなど広い範囲で発見されている。アジアでは北京原人、ジャワ原人、フローレス原人などの亜種が生息していたとされ、二百万年前頃から五万年前頃にかけて、ホモ・エレクトスは全てのホミニンの中で最も長く生存した。

原人の脳容量では、ホモ・ハビリスは五五〇―六四〇CCと年代が下ると共に僅かに増大する。ホモ・エルガステルは七百―千CCほどであり、ホモ・エレクトスは一〇四〇CCほどの脳容量をもっていたとされる。このように、原人の脳容量は猿人に較べて大きく発達している。その理由は、原人の生活圏が樹上から陸上へと完全に移行し、猿人の果食性生活が肉食も多く取り入れることになったためである。特にホモ・エレクトスは直立二足歩行になり、脊椎骨によって重くなる脳を支えることができるようになった。そして、直立二足歩行は、ホミニンの発声器官を発達させて発音を容易にし、その機能を大きく高めていくことになる。このことは、例えば鳥類が二足のもとに種々に囀ることができることからも分かる。ホモ・エルガステルはホモ・ハビリスと並存し、アフリカの他にヨーロッパにも七〇万年ほど前まで生存していたとされる。

大地の乾燥化が進み、草原などの陸上における狩猟採集の生活が主体になってくると、ホミニンは食糧の獲得に苦心するようになる。その中で、生活上の利器として石を素材にした石器が発明される。最古といわれてきた石器は二六〇万年前にホモ・ハビリスが造ったものとされる。それは礫石器あるいはオルドワン型石器といわれ、現生のチンパンジーが使う叩き石のような素朴なものである。考古年代として、旧石器時代あるいは新石器時代という用語が多用されるように、ホミニンは生活に不可欠な道具として製法を工夫し発展させていった。例えば、ホモ・エレクトスは礫石器より洗練されたアシュール型握斧と呼ばれる石器を造り始めている。最古の握斧は一七五万年前頃の地層から出土したもので、粗雑で分厚く先端あるいは片面及び手で握る部分が加工されている。さらに、年代と共に両面加工が施されるようになり、八五万年前頃の地層では薄型に加工され刃をもつ握斧が現われるようになる。これらは機能的な動物解体の道具であったと思われる。なお旧石器時代に区分される石器は総じて打製石器といわれ、巨礫を石材に叩きつける製法により、剥片にして加工されるものであった。このような石器の発達は、原人の意識及びその作用を考察する手懸りになる。

原人であるホモ・エレクトスが火を使用したのは確かであろう。ホミニンによる火の使用の開始は、約一六〇万年前に遡るという説もあるが、火山活動や落雷などによる自然発火との区別等、考古学的考証の難しさのため広い範囲で異論が唱えられている。しかし、中近東のゲシャー遺跡では、七〇万年前頃の焼けたオリーブ、大麦、木、火打石が出土している。ホモ・エレクトスあるいはホモ・エルガステルは、猿人のような体毛もなくなっていることから、暖を取り、獣から身を守るために、さらには肉などの調理のために火を利用したものと考えられる。このような肉食生活が脳容量の大幅な増大をもたらしたのであろう。

旧人について

アフリカにいたホモ・エルガステルあるいはホモ・エレクトスの系統から、初期の旧人であるホモ・ハイデルベルゲンシスという種が誕生した。それが約六〇―五〇万年前とされる。この旧人は再びアフリカを出てヨーロッパや西アジアへと広がった。そして、ヨーロッパ大陸に適応したのがネアンデルタール人（ホモ・ネアンデルターレンシス種）である。ネアンデルタール人は、その一部がホモ・サピエンスである現生人類すなわち人間の核ＤＮＡに取り込まれている。しかし、ホモ・ネアデルターレンシスは約三万年前に絶滅したとされ、ホモ・ハイデルベルゲンシスは四万年ほど前に滅亡している。そして、それらの化石から、旧人の脳容量はホモ・サピエンスの一三五〇ＣＣを凌ぐ千四百ＣＣ程度には達していたものと推定されている

石器は、氷期にあって狩猟採集する旧人にとって生活上不可欠な道具であり、原人の工夫した

製法が引き継がれ洗練されて量産化されるようになっている。ネアンデルタール人は、ヨーロッパ、西アジア、北アフリカの一帯にムスティエ文化と呼ばれる石器文化を残している。これは剥片石器であり、剥片が剥がされる原石の形状を予め調整し、調整された石核から剥片を得るものである。これによって剥片石器の定形化、薄型化、大量生産が可能になっていった。
旧人が火を制御し調理に利用したことは確実である。寒冷なヨーロッパにいたネアンデルタール人は、住居とした洞窟内に炉の跡を多く残している。また、ホモ・ハイデルベルゲンシスも含む旧人は、時によっては死者を埋葬した形跡のあることが考古学上知られている。

新人について

約二〇万年前頃、アフリカ南部にいたホモ・ハイデルベルゲンシスと思われる旧人が変化し、現生人類であるホモ・サピエンスが出現した。これは中期旧石器時代の初期であった。この時期は氷期が酷しさを増し、ホモ・サピエンスは南アフリカの南部海岸に追いやられたとされている。食糧は海岸沿いの巻き貝のような貝類が主になり、人口は大きく減少した。そして、このボトル・ネック減少によって、不安という情動の裏返しである好奇心の強い人種のみが生き延び、その後このような人類が増加したとされる。確かに、現生人類である全人間のミトコンドリアＤＮＡが示す遺伝的証拠では、現在生きている人類の遺伝形質はすべてほぼ同じであって、氷期の僅かな女性とつながっているとされている。

ホモ・サピエンスはホモ・ハイデルベルゲンシスより脳容量を増加させ、アフリカ大陸を席巻し、またたく間に旧人に取って代わった。その後、この現生人類は北東アフリカを出て、七万年前頃にはアジアの南岸地域に移り住んだ。また、大規模な出アフリカの第一波が約六万年前に始まったとされている。そして四万年前には、西アジアから東ヨーロッパに侵入し、西ヨーロッパへと進出していった。それと共に、ネアンデルタール人は三万年ほど前にイベリア半島で消滅するのである。同様に、アジアにいた旧人といわれるデニソワ人あるいは東アジアにいた原人のフローレス人も四万年ほど前に絶滅したとされる。このようにして、旧大陸世界はホモ・サピエンスによって席巻されていった。この大きな要因としては、好奇心あるいは冒険心の強さ、言葉の駆使、集団化が挙げられる。また、食糧として海や河の幸が加わり、狩猟採集の範囲が拡大していったことも大きな要因であろう。

新人は、生活上の道具として、打製石器をさらに精巧なものに発展させている。例えばナイフに用いられる石刃、投げ槍あるいは弓矢の先端に取り付けられる小型尖頭器や細石器などが造られている。この場合、剥片剥離の元の石核も円柱あるいは円錐状に高度に調整されるようになる。また、石器の他に、動物の骨や角などから種々の骨角器が造られるようになる。生活上の骨角器として、銛モリ、鏃やじり、釣り針、縫い針などが出土している。

さらに特筆すべきは、南アフリカの遺跡から種々の線刻画あるいは象徴的図形が出土することである。それらで古いものは約一〇万年―七万年前のものである。それと共に、それを描くために使用された赤い顔料となるオーカーといわれる石も発見されている。また、同じような年代では、装飾品にされたと考えられる貝殻が出土している。また、北アフリカの北部では、約一三万年―一〇万年前の人類埋葬の痕跡が副葬品と共に発見されている。

ヨーロッパでは、約四万年前にクロマニヨン人が出現している。そして、オーリニャック文化と呼ばれる文化圏が西アジアとヨーロッパに残されている。この文化圏では、上述した石刃技法の石器、種々の骨角器、牙や貝殻による首飾りや耳飾り、壁画や絵画あるいは石や骨の彫刻や笛などが出土している。例えば、ラスコーやアルタミラの野牛等の洞窟画は現代人も驚くほど精巧な写実になっている。

石器時代という考古年代により、ホモ属のホミニンについて整理する。通常、石器時代は前期、中期、後期の三期と新石器時代に区分されている。それらの実年代は研究者によって多少のズレがあるが、本書では前期旧石器時代は三三〇万年前頃―二〇万年強前頃とする。近年になって三三〇万年前の世界最古の石器が発見されている。この時代のホミニンはホモ・ハビリスやホモ・エレクトスなる原人である。人口推定値は一二万五千人程度と算定されている。中期旧石器時代の実年代は、二〇万年前頃―四万年強前頃とされ、概ねネアンデルタール人などの旧人からなり、人口推定値は百万―一二〇万人と算定される。後期旧石器時代は、四万年前頃―紀元前一万年前頃であり、クロマニヨン人などの新人が二二〇万―三百万人ほど住んでいたと推定されている。但し、推定値は研究者により大きく異なる。

クロマニヨン人などの新人は、後期旧石器時代にあって集団集落の生活を進め、徐々に社会と呼べるようなものを築いていった。その中で、話語という言葉がある程度自在に用いられ、人類のメンバー間の意志疎通や情報伝達に効果を発揮していったと思われる。ネアンデルタール人も僅かな言葉を使ったともいわれているが、ホミニンによる言葉の発明あるいは起源がいつ頃であるか決めるのは難しいと言われる。言葉の起源については後述する。

ホモ・サピエンスという現生人類は、紀元前一万年頃になって氷期も終り徐々に農耕牧畜生活を始めるようになり、人口は四―五百万人ほどへと急増したと推定されている。新石器時代は紀元前一万年から現在までである。石器はこれまでの打製石器から磨製石器と呼ばれるものになる。磨製石器とは、剥片素材で製作した石器を、砂あるいは他の石材で擦ることによって磨き、表面の凹凸を極力低減した石器のことである。主な磨製石器として、例えば石皿、石斧、石錐、石包丁、石剣などが挙げられる。石の研磨技術は、現在でも建物、宝石などの装飾品、墓石などの石材表面の整形に広く使われている。

新石器時代の始まりから約一万二千年程度を経ているが、現生人類は土器、青銅器や鉄器などの金属器も造るようになった。これは、人類が火の制御を通して自然に潜む化学的作用に気付き始め、長い期間をかけて培われた石器という道具の製造技法を基盤にすることにより可能になったことである。

また、現生人類は狩猟採集に代わって農耕牧畜により食糧を獲得するようになり、定住生活を始めるようになった。これによって、人類の集団化は促進されることになる。さらに農耕によって、自然に潜む規則性を利用することの重要性が強く認識されるようになっていく。人類は自然に対する能動的な働きかけ、例えば太陽の動きあるいは気候の周期性に気付き、天体の星の動きを観察して図形等で記録するようになる。これらは食糧である麦、稲などの農作物を作る上で大きく役立つものであった。この働きかけの結果は知となっていく。さらに、農耕によって食糧は豊富に容易に確保できるようになり、生活に余裕が生まれて自由な時間がとれるようになる。それと共に多くの人間の集まる社会が形成され、社会の階級化及び分業化を通して、知を専門に取り扱う人達が登場するようになった。

また、自然に対する「知の意識」は自然を擬人化し霊なる概念を創り出し、いわゆるシャーマニズム、アニミズム、トーテミズムのような原始宗教を産み出すことになる。シャーマニズムは、人類の埋葬する風習が定着するようになった新石器時代より少し前に起こっていたともいわれる。

(2) 有史時代

唯一のホミニンとして残ったホモ・サピエンスすなわち現生人類あるいは人間は、生きる上で有用な石器などの道具及び言葉を発明した後、紀元前四千年—二千年頃にかけて、北東アフリカのエジプト、西アジアのメソポタミア及びインド、東アジアの中国で、話語を表記するための文字を発明している。文字言語により記されている史的年代が有史時代である。

人類の農耕による定住生活は、生活に必須な河川沿いに村落を形成し、さらに肥沃な土地に多くの人間を集結させるようになる。かつての長い狩猟採集生活における家族を主体にした社会構造は変化し、新たな人間の繋がりによる文明社会と呼ばれる社会進化が起こるのである。四大文明では、古代都市による文明社会の中で、人間の繋がりは血縁の他に宗教を新たに必要とした。この宗教は原始宗教とつながっている。このような文明社会では、集結した多くの人間の関係を安定させるために社会規則が作られる。

文字はそれぞれの文明社会にあって決まりごとを周知させる有効手段となった。また、文字の言語は知を記録することを容易にし、文珠の知恵といわれるように、多くの人間の知を集積して優れた考えを産み出す上で有効になった。知の集積は同時代及び異時代の間でなされる。文字は視覚に訴える記号であり、人間の脳の想像作用を活発にする。このため人間の脳に新しい抽象化した概念が生じ易くなった。そして、数の概念が産まれた。

人類の発明した話語と文字からなる言語は、本来ある具象を抽象化し物事の関係を把握し易くする。そのため、人間は言語によって思弁を駆使し哲学的知を追究するようになった。自然に対する働きかけは益々頻繁になり、自然の中にある関係を整理し知とするようになる。人間のいわゆる「知の意識」は文明社会に対しても作用する。

このようにして、現生人類は宗教的な知、哲学的知、科学的知を志向し、さらに、生活上有用な道具の製造技術を数値により制御するようになるのである。現在、科学的知はいわゆる物質科学と生命科学の広汎な学問分野に及んでいる。また、それは文明社会の構造分析に及んでいる。このような経験科学は多くの科学技術を創り出し、数値制御によって多種にわたる利器あるいは人工造成物を造り出すようになった。利器すなわち道具は、全てが人間の身体の働きを援用することにつながっている。近年では、脳の働きを模擬したコンピュータや人工知脳が造られ、生命科学の急激な進展により、人工生物が人工造成物として造り出されようとしている。

人間は、地球上の生態系から完全に離れ、個体の数は八〇億人を越えて増殖している。これは人類の科学技術によるものであり、その基盤にある科学と派生する技術とは、僅かな暴走が生じても、地球の滅亡に直結するほどになってきているのである。

2 人類の主な意識進化

チンパンジーとの共通祖先から分岐したホミニンは、環境の中で生存していくために、猿人、原人、旧人および新人のように適応進化してきた。その中で、外部形態の形質は、手足の構造、脳の大きさ、体毛等、類人猿に近い形から現在の人間へと、七百万年程度をかけて変化している。それと共に、内部形態である意識という形質の変化も、考古学上で顕われるホミニンの環境への働きかけを考察することによって、あるいはヘッケルの提唱した反復説の考えを参考にして、ある程度は明らかにできるであろう。反復説とは、生物の個体発生は系統発生を繰り返す、というものである。これは、ダーウィンの『種の起源』（一八五九年）が出版された七年後に出され、系統発生学の分野では現在も尊重されている。しかし、発生生物学において必ずしも全てに当てはまるとされてはいない。

以下、人間に備わる「知の意識」に対する対向軸として「生の意識」なるものを措き、考究していく。「生の意識」は、全ての生物がもつ生を存続させようとする適応機構に含まれる。

(1) 生の意識

「生の意識」とは、生き抜くこと即ち生を志向する心である。この心は外界との間で環作用が創発される所でもある。環作用によって、人間にとっての適応機能である生存作用が発現する。「生の意識」は生を志向するものであり、必ずその作用に生存作用が発現する。このため、この意識に発現する外界への作用すなわち「生の意識」作用といえるものは全て、適応機能の範疇に入ることになる。

第一章二節生物の適応機能で説明したように、適応機能は環境への働きかけ、刺激反応、形質変容からなり、しかも生物種により異なって表出される。この生物の適応機能の視点から考えると、人類の「生の意識」という複合意識には、生存、一体および共生、共感の他に認知、自我等の個別の意識も含まれることになる。以下では主に、人類の「知の意識」へと繋がる「生の意識」における進化を取り挙げる。人間の意識全般については第三章で述べる。

認　知

ホミニンは視覚、聴覚、嗅覚、味覚及び触覚の五感覚により外界の諸事物を感知し、それらの外部情報を処理することによって、ホミニン特有の認知をする。情報処理は主にホミニンの脳において、神経伝達物質および有機化合物の情報伝達物質によって行われる。

化石ホミニンの頭蓋容量は、猿人では現存するチンパンジーと同程度であり、ホミニン誕生から四百万年程度のあいだ余り変化していない。猿人の脳で認知されるのは、環境世界の諸事物および事象を対象にした具象であり、それらの具象の間の関係になる。猿人は樹上から地上での果食生活に移行し、生態系の中の被捕食者として、常に身の危険に曝されていた。そのため、具象との関係は、特に猿人の生存に係わるところが大きかったと思われる。即ち、猿人というホミニン特有の認知は、生存に深く関わった具象世界であったといえる。具象世界では、広義の意味での共生という意識が支配的に働いていた。なお共生の意識は全生物がもっている。

人類は道具を発明し、現在も種々の道具を創り出している。自然の中の石を素材にした利器すなわち石器という道具こそが、人類の認知能力を自然界の中で異質にした主な要因である。石器は、ホモ・ハビリスという原人による礫石器が最古のものとして知られていたが、さらに七〇万年も古い三三〇万年前の地層からさらに素朴な石器が出土している。これらの古い石器は、現生するチンパンジーが使用する叩き石とほぼ同程度の原石に近いものである。しかし、ホミニンはこの石器を種々に加工していった。生活上の利器として工夫が凝らされ、二百万年以上の年月にわたって製法が発展していった。石器の工夫のための脳の働きこそが、人類の意識を少しずつ変化させていく動因になったと考えられるのである。その中で、人類にとり特に重要であったのは思惟と想像の意識における進化である。これらの意識については後で詳述する。

認知の意識における最大の変化は、人類が環境世界を抽象化して把握できるようになったことである。具象世界が概念により抽象化できるようになり、さらに概念が統語的な話し言葉によって表現できるようになった。この意味表現する言葉は、後期旧石器時代になった四―五万年前頃に出現したクロマニヨン人によって、ある程度自在に使われていた。同時代のネアンデルタール人も、単発的に発する音声表現と合わせて少しは使用できたとされる。この言葉の獲得はホミニンの高容量の脳機能をそれまでとは異質な方向に導いていった。言葉は、外部の知覚を通した情報すなわち具象の表象から得られる概念を表現する。概念は具象の表象を抽象化している。これによって、脳認知科学でいう脳の言語野が、自己組織化によって脳に形成されるようになり、外界からの刺激に対して、知性的反応ができるようになっていった。この言葉の発達が自然界の中で人類を特異な存在にしたのである。

次に、考古年代の順に沿った主な意識変化について考察していく。

一体の意識

チンパンジーとの共通祖先から分岐した初期猿人あるいは猿人といわれるホミニンは、それ以前から生態系の中の食物連鎖に組み込まれて生存していた。ホミニンは外界に対する適応機能により、具象の世界と一体になって、即ち狩猟採集生活にあって、広義の共生と天変地異の支配とを無抵抗に受け入れて生きていた。このような環境世界との完全な一体の意識は、ホモ・エレクトスが出現する二百万年ほど前までは続いていたものと考えられる。これはホミニン誕生から五百万年の長きにわたっていることになる。そのため、現生人類である人間の個体発生にあって、胎児期は当然のこと、乳幼児は一年強ほどのあいだ周りの他者と一体になっている。そして自己の目覚めが生じ我汝の一体の意識は解除されていくようになる。これはヘッケルの反復説に従っている。

原人のホモ・エレクトスは、一五〇万年前頃には、自然にある石を打ち砕いただけの単純な礫石器に代わって、アシュール型石器と呼ばれる石斧を造り出している。その製法では、石斧へと加工される母材の石（石核という）に対して、別の石を打ち当て石核を剥ぎ取り加工することにより、石斧の刃と先端あるいは把持部が形成されている。このような石器の加工において、打ち当てる二個の石を左右の手に持ち、打ちつける角度や強さが調整された。さらに、これらの石材の種類も経験によって選択されるようになっていった。石器の製造における工夫は、高容量になったホミニンの脳機能を徐々に変化させた。特に思惟と想像の意識が覚醒し、緩やかであるが進化したことが、他種生物から人類を切り離し異質な存在にしていく淵源になったと考える。

ホモ・エレクトス及びホモ・エルガステルのような原人では、脳機能の変化と共に一体意識が解かれ希薄化していくことになる。これらのホミニンは、遺跡から百万年前頃には火を制御して利用したと考えられる。火の利用は、形状が不定形で熱く生存を脅かす火を、道具としての石器と同様に他者として認知し把捉できることによって可能となったのであろう。このことから、人類は百万年前頃には主体と客体という意識を確実に有していたと考えられる。

認知作用は意識作用であり適応機能となる。百万年前頃のホミニンは、具象の世界の諸事物および事象の間にある関係を、変化した思惟、想像の意識の下での適応機能によって把捉するようになった。そのため、生存関係で一体であった意識は徐々に変化し、主体と客体の認知がなされるようになったのである。

主体とは、一章二節の生物の適応機能で述べたように、環境の世界に開かれた開放系の形態で生存している生物の個体のことである。即ち、この場合では具象の世界の諸事物および事象に開かれた開放系の形態で生存しているホミニンということになる。ホミニンが具象の世界の諸事物である石器や火を他者として把捉し分離することは、諸事物とホミニンとの間にあった完全な一体の関係が解かれ始めたことを意味している。これによって、具象の世界の他の諸事物も徐々に他者として、即ち客体として認知されるようになっていった。そして、ホミニンの個体は、それらの客体に対峙する者として、即ち主体として認知し把捉することになるのである。

ホモ・エレクトスによるとされるアシュール型石器は、旧人であるホモ・ハイデルベルゲンシスの遺跡からも数多く出土しており、二〇―三〇万年ほど前まで製作されていたとされる。握斧の石器表面は粗雑であったものが丁寧に整った形になっている。また、実用に適さない赤い握斧と呼ばれる巨大石斧が造られている。これは希少なローズクォーツという赤味を帯びた石からなり、四五万年前頃に埋葬された死者と一緒に出土している。しかしこれが副葬品であったかどうかは今のところ定かでない。

石器の製法の工夫は長い年代にわたり続いている。その中で、礫石器から握斧に続く大きな技術変化は、原石を大きく二段階に分けて加工し、形状の対称性が高く刃部が鋭い石器を造るようになったことにみられる。第一段階では、原石から剥がし取られた大型石核が整形され定形化される。即ち、石核が所定の形に調整される。そして、第二段階で、予め調整された大型石核から所望の石器が剥離され作製されるのである。この石核調整技術は八五万年前頃までには起こったものとされる。この石器の製法は、旧人の年代で多く出土する剥片石器および新人の年代の石刃あるいは細石器の技術基盤になっていくことになる。

概念の形成

哺乳類、鳥類あるいは一部の爬虫類は、環境世界に誕生すると、親から世界で生きる術を学習するあるいは親を真似て巣立ちする。また、サルの芋洗い、ラッコやチンパンジーの採食活動にみられる石の使用等も、種の中で学習される。特に人間は、親からも集団社会からも多くのことを学習するようになっている。これらの生物の学習の意識は、前述の一体の意識に根差して先験的に生じることである。そして、ホミニンの石器の製法も学習によって多世代にわたり引き継がれたと考えられる。学習意識は複合意識であり形質変容を引き起こすのである。

石器製法の工夫はホミニンの脳機能をさらに変化させた。アシュール型握斧の技法では、石核の剥ぎ取り加工のみで石器が造られたが、典型的な石核調整技術であるルヴァロワ技法では、石核が亀の甲の形に整形加工された後で、剥片石器が石核から剥離され造られる。この技法は五〇万年前以降に増え始めたものとされる。何れの石核の加工でも、具象の形状を一体認知するよりも、部分認知により特徴を把捉することが求められる。その上で、特徴のある部分が整形できるようになる。そして、これらの整形された部分の間の関係が認知される。さらに必要であれば、それらの部分の剥ぎ取り加工がなされる。このように、石核の加工では、形状の部分的な分析と関係の認知が求められている。さらに、ルヴァロワ技法では、石核の調整される形状と剥片石器の形状との関係が推量されなければならない。あるいは、出来上がる剥片石器を想像して、石核の形状を整形することが求められるのである。

石器を製造するため必要とされたこのような脳機能は、外界の具象の情報を概念として抽象化することにより、具象性を削いで情報量を軽減するように働いた。概念は具象の情報を関係性の繋がりにより圧縮し、脳のニューラルネットワークにおいて多様な機能を可能にするものである。そして、具象の情報を処理する脳のネットワークが、長い年月をかけて変容することになったのであろう。

このような概念の形成および脳のネットワークの変容は、能動的な形質変容であると考える。これは、突然変異のような遺伝子変異によるものでなく、生活習慣や学習などの経験によって起こったことである。この能動的な遺伝子変容の最終時期は、ホミニンの残した痕跡から考えると、一八―一〇万年前頃と考えられる。この時期から、オーカーと呼ばれる顔料により描いた線刻画あるいは象徴的図形が出土するようになる。抽象的なシンボル図形は、ホモ・サピエンスというホミニンが概念的な認知を獲得していることを表わしている。

ホミニンの脳のネットワークの変容は、ヘッケルの反復説に則り人間の乳幼児期に現われる。現生人類である人間の出生時では、脳の大きさは四百グラムほどであり容量で四百ＣＣ程度になる。その後、脳は急激に生長し、六歳児で成人の九〇％ほどに達する。これは脳の神経細胞の量の増加を示している。しかし、神経細胞の間を接合するシナプス量は、全く異なる変化をしている。即ち、脳のシナプス密度は個体の誕生後のステップ状の急激な増加と、一歳頃をピークにし二歳頃までの急激な減少とを示す。急激な減少はシナプスの消滅である。このシナプス密度の変化は、脳のネットワークが乳幼児の時期に大きく変容したことに対応している。この時期に、ニューラルネットワークは大規模な再編成に移ることが明らかになってきている。そのために、脳の成長において、神経細胞の間を接合したシナプスであっても不要なものは消滅し、シナプス密度が急激な減少に転じるのである。

続いて、ヘッケルの反復説を参考にして、ホミニンの言葉の起源を考えてみる。

現代の人間は、話語と文字の言葉を極めて精緻な統語的言語に発達させている。その中で、人間の特に話語の成長についてみる。人間は、平均的にみて、胎児期から母親の体内で音声を聞き、乳児期から音声を発するようになり、一歳頃に初語を発し、一歳半頃になると発語が五〇語を越えて二語文を話し、この頃から幼児の語彙は急激に増加するようになる。また、二歳前後になると、名詞や動詞の他に、形容詞、副詞、基本的な助動詞や助詞を用いるようになり、その後、三語などの多語文あるいは複文を話すようになる。さらに、四―五歳頃になると、多くの幼児が文字に興味を持つようになるとされる。そして、児童期以降の文字の読み書きを通して、論理の組み立て、推論、整理などの知的能力を発達させていく。

人間の言葉の発生が学習によっていることは確かである。日本語、英語、中国語、ギリシャ語などの言葉が脳のネットワークに入り込むのである。言葉は概念を符号にしたものであり、概念は具象の情報を抽象化したものになっている。このことから言葉の発生は、脳のネットワークが概念の形成に対応できる構造になった後であることは確かとなる。言葉の符号は脳の言語野で生成され、例えばリンゴのような名詞の概念は、リンゴの特徴となる情報が脳のネットワークの中に形成されたものである。

ホモ・サピエンスの概念の形成と、人間の話語の習得の生長あるいは乳幼児期に起こる脳のネットワークの大規模な再編成などを照らし合わせて考えると、言葉の起源は少なくとも七万年頃以前まで遡ると考えられる。概念的な認知ができるようになったホモ・サピエンスは、脳の認知科学でいわれる言語野を自己組織化できるようになり、共同社会の規模の拡大と共に、話語の能力を徐々に向上させた。

それまで長い間ホミニンは、ホモ・エレクトスのような原人であっても、単音の発声を用いて意味表現することで情報交換していた。それは、現存する鳥類や霊長類の発するシグナル的な音声によってもある程度なされる。具象的な外界からの情報を概念として抽象化することは、情報量を軽減することとなり、音声による概念のシンボル化と情報処理を容易にした。それと共に音声をつなげて意味を成す言葉の発声すなわち話語が使えるようになった。それは、現生人類である人間の成長に照らしてみると、二―三歳の幼児に相当する程度の統語表現であったと思われる。

自我という意識

自我についても、ヘッケルの反復説に準じで考えてみたい。確かに現代の生命科学からみると実体に合わない所が多々あるとされているが、生物進化で論じたように、脊椎動物亜門の生物はほぼ典型的な系統進化をなしている。系統的な遺伝子変容による進化の過程で、遺伝子情報は核ＤＮＡに順に累積されている。そして、個体の発生過程において、系統的に累積した遺伝子はほぼその順に発現し系統発生を示すことになる。このような生物発生原則は、偶然がもたらす多様な生物進化にあっても必然の原理であると思われる。即ち、生物の個体発生は、核ＤＮＡに残存する遺伝子が進化の過程で累積した順に発現することにより、起こるものである。

自我の発現は脳の生長に深く関係している。話語の習得で説明したように、幼児は二―三歳になって複数の語を音声でつないで少し統語表現できるようになる。それと共に、ほぼ一体となっていた母親から分離しさらに自己主張するようになる。それが第一反抗期といわれるもので、自我の目覚めの時期とされる。自我は、初めは一体であった世界を成す母親が分離し他者として認知されるようになり、他者に対して適応機能を働かせるものとして認識される。適応機能は適応機構で生じる。意識は適応機構すなわち心の範疇に入る。そのため自我とは心のうちのある様態である意識ということになる。

近年の自己鏡映像認知研究では、人間は二歳ほどになると自己認識できるとされている。これは、鏡に映る幼児の行動を観察し、自己指向性の出現を調べる認知科学であり、ミラーテスト、マークテスト、ルージュテスト、フラワーテスト等種々の手法がとられる。それによると、自己を認知する能力はチンパンジー、ボノボ、オランウータン、イルカ、カササギ等で確認されている。しかし、この鏡像自己認知において動物種の類縁関係が認められていない現在、自己認知の経験科学のさらなる進展が望まれる。

人間の幼児期に自己認知が発生する事実を念頭に入れて、かつてホミニンが自我を形成したであろう時期を以下に考察する。

考古学上では、一三一一〇万年前の近東地域の地層から、死者を埋葬した遺跡が出土してくる。

これは明らかに死者を弔った意図的な埋葬である。さらに動物の骨のような副葬品を伴うものも現われるようになる。また、現在砂漠になっている北アフリカでは、九万年前頃の住居跡から、装飾品に使用された巻き貝のような貝殻が出土している。このような貝類は、かつてホモ・サピエンスが厳しい氷期に飢えを凌ぐための食糧となったものである。なお前記副葬品にも装飾用の貝殻が出土してくる。これらの貝殻は、穴があけられ紐を通したビーズ状の装身具に用いられたようである。

このような痕跡は、ホモ・サピエンスが死者となった他者を認識し、それに共感という意識を作用させた表われである。共感の意識は自我によって認識されているし、さらに、他者あるいは死者にもそれら自身の自我が認知されている。副葬品あるいは装身具は死者との同一性を表わすと考えられる。

人間の個体発生において、概念の形成、自我の形成及び話語の獲得が、乳幼時にこの順に表出していることを考えると、ホミニンは一三―九万年前頃に自我という形質を表出したものと推定される。また、自我の意識が鏡像自己認知という意識に対応しているとすると、自我という形質は動物種を系統分類するものでなく、系統進化の分岐分類には用いることができない。即ち、自我の意識は、系統進化に沿って継承されるものではなく、偶然がもたらす特殊な環境進化によって現われたものと考えられる。

(2) 知の意識

「知の意識」とは、知すなわち普遍を志向する心である。それは不安や好奇心などの情動によって誘起される知の欲求である。それによって、思惟、想像、観念、自省などの意識が活性化されることになる。「知の意識」はホミニンによって芽生え、急速に増進するのである。このホミニンこそ、約一九万年前以後酷しさを増した氷期に絶滅の危機に瀕し、好奇心及び冒険心の強い人種として生き延び、概念、自我、言葉という物事の抽象的把握のための基盤を創り出した、現生人類の人間につながっているホモ・サピエンスである。

言葉による思惟

現在の地球上の全生物の中で、人間は優れた思考能力を有し多くの道具を創り出せる。生物の進化の観点から見ると、思惟能力の起源は、未知の世界へとアフリカから拡散した新人というホミニンの進化の中にあるはずである。しかも、思考能力は人類の獲得した言葉と深く関わっているはずである。以下、思考あるいは思惟についても、ヘッケルの反復説とホミニンの残した痕跡を手がかりに、その時期を推定する。

人間は三歳程度の幼児になると話語の語彙を急激に増加させ、話語の統語表現が発達していく。四歳程度になってくると、幼児の知識欲が顕著に発露することがよく知られている。この時期の幼児は、母親を含む周囲の人に対して多くの質問を投げかける。その質問で特徴的なことは、色々な物事の間の関係を知ろうとするもので、何故という発語が連発されることである。

これは、幼児の成長において脳のネットワークが変容した表われである。即ち、認知科学でいわれる言語中枢部いわゆる言語野となる部位が成長し、言葉に関わるニューラルネットワークが脳内に構築された。これによって言葉を使った思惟が可能になった。脳のネットワークの変容は、幼児の成長期での経験学習も関連し、脳細胞の遺伝子発現によって生じる。即ち、言語野の外部刺激による拡大あるいは編成が、脳のネットワーク変容の遺伝子発現の引き金となった。言語野の成長は遺伝子によるものではなく、経験を通した自己組織化であり後天的なものである。

脳の個体発生を人類史に重ねてみると、言葉を使った思惟の能力は、約五万年強前頃にアフリカにいたホモ・サピエンスにおいて生まれたと考えられる。そして、そのホミニンがユーラシア、ヨーロッパ、アジアへと侵入した。現代に繋がる人間は、黒人、白人、黄色人のように外部形態の形質あるいは言語を異にしていくが、脳内においては同じ思惟のニューラルネットワークを保持していると考えられる。

ヨーロッパでは、四万四千年前頃に移住してきたクロマニヨン人によってオーリニャック文化と呼ばれる文化圏が作られる。その文化圏では、石器を含む多種多様な利器あるいは装身具、壁画や彫刻などの芸術品とみなされる創作物が出土している。この遺物は、ネアンデルタール人のような旧人のものに較べて、遙かに現代人に近い生活や行動あるいは意識を表わしている。同様に、ユーラシア、アジア、オーストラリア等へ拡散した新人は、思惟能力を武器にして、それぞれの気候環境の中で進化していった。現在の考古学では、ヨーロッパ以外の新人の遺跡は余り発見されていないが、日本列島には四万年前頃にこの新人が到来したことが、石刃技法の石器などの遺物から推定されている。思惟の意識については第三章で述べる。

現生人類はボトル・ネック現象によって、一時期には一万人以下となり絶滅の危機に瀕したとされる。二〇世紀末に提唱されたトバ・カタストロフ理論では、約七万年前頃のトバ火山大噴火による地球の寒冷化によって、ボトル・ネック現象が起きたとされてきた。しかし、その後の考古学の検証、分子遺伝学による検討等からその時期は見直され、未決定のままになっている。筆者は、地球の自転／公転の揺動によりほぼ一〇万年周期で生じていた氷期のピーク即ち一四万年前頃をその時期と考える。何れにしても、このホミニンが、出アフリカから六万年程度経た現在、地球上で繁栄し約八〇億人に人口爆発していることは、これまでの人類進化からみて驚嘆すべきことである。分子遺伝学による人類史研究では、人類のミトコンドリアＤＮＡ（ｍｔＤＮＡ）の遺伝子解析は、アフリカ東部のホミニンが約七万年前より持続的な人口増大を起こしたことを示すとされる。これが正しければ、この人口増大こそが、氷期にあってアフリカよりさらに寒冷な地域へのホモ・サピエンス移動の要因であると考えられる。

現生人類の異常な進化は、脳のネットワークの編成を基盤にしている。現在その科学的リアリティ（実体）は明確になってはいない。しかし、ホモ・サピエンスの言葉と結びついた思惟能力は、「知の意識」の増進と共に向上し現在に至ると思われる。なお以下ではホモ・サピエンスの代わりに人間という用語を主に使うことにする。

経験における「知の意識」

地質年代でいう更新世の最終になる氷期が終わり、現在は完新世の間氷期という温暖な地球気候の中にある。この間氷期の始まりは紀元前一万年頃であって、人間が河川沿いの一部地域で農耕牧畜生活をすることができるようになった。考古年代では新石器時代に入り、人類はより現代人に近い行動形態あるいは社会形態をとるようになるのである。人類は氷期の終りにはシベリアから陸続きであったアラスカに現われ、一万三千年前には南アメリカの南端に達していたとされる。このように地球の全地域に拡散していった人間は、自然環境によって多様な生活を営んでいるが、言葉に結びついた思考をするという共通性を堅持している。

人間は適応機能によって外界に作用し経験をする。即ち、適応機能により創り上げている環境世界を、自我によって認識し理解し、そして確信をする。人間の経験とは、環境世界あるいは汎世界を確信することにあると思われる。

後期旧石器時代の人間は、最終氷期の厳しい自然環境にあって、意識進化と共同生活を武器にして、人口を増大させている。ｍｔＤＮＡの遺伝子解析は約二万年前に人口爆発したことを示す。このことは、狩猟採集生活の環境にあっても食糧を得るための働きかけが効率的になされた証しである。獲物を求めて海を渡ったオーストラリアを含むアジア一帯、あるいは極寒の地のシベリアを経て南アメリカの南端まで、食糧を求める以外の旺盛な好奇心に駆られて辿り着いた人間は、地上および水上に関する多くの経験をし「知の意識」を芽ばえさせた。

更新世の氷期が終り温暖期になる新石器時代になると、人間の「知の意識」は農耕牧畜生活に向けられ、河川に沿った地域での定住が進んでいくようになる。但し、農耕牧畜生活は一律ではなく自然環境により異なる。例えば日本では、石刃技法の刃部磨製石器が三万五千年前頃に使用され、紀元前一万一千年頃になり土器が多く生産されている。そして、縄文時代の定住の狩猟採集生活が続き、稲作の農耕は紀元前千年頃に始まる。農耕生活は狩猟採集生活に較べて遙かに自然界の経験による知を必要とする。ムギやイネ類、イモ類等の農作物は、気候、水分、土壌などの状態に大きく影響を受け、収穫量は凶作と豊作とで極端な差を生じ、人間の死活に直結してくる。人間は農作物の環境を管理するために、自然に対する能動的な働きかけを強め、さらには自然を利用する重要性を認識するようになった。例えば、農作物のタネを播く時期や刈り入れ時期と太陽の運行との関係を観測し、最適な季節を探っていった。あるいは、太陽、月、星の動きを観察することにより、自然界における物事の周期性を経験し、未来を予知しようとした。さらには、大地を耕したり、灌漑工事により必要な用水路を造るようになっていった。

このように人間は自然界に深く関わり経験することによって、「知の意識」を増進させていった。人間は行動や感覚作用のような適応機能を、自然界という外界に対してこれまで以上に強く働かせ、人間固有の言葉による抽象化を通して諸事物の間の関係性や現象の規則性を見つけ出し、把握しようとした。把握できないこと即ち理解できない事柄には、神の概念と名辞が付された。把握されたことは経験知として、人間の共同社会の中で話語により情報伝達され、文字により記録された。このようにして、人間の環境世界は神を含めて言葉で抽象化され、それが世界の中の対象物として即ち客観的な実体として確信されることになった。

経験における「知の意識」の増進は、環境世界に対する人間の思惟の作用を活発にすることになった。それは、人間の思惟作用のような直接的な適応機能、あるいは行動のように身体を介在させる間接的な適応機能を通して得られる経験概念が増大する中で、それらの概念の間の関係について思惟を通して推理し、秩序だった経験概念にして整理するためである。経験概念とは、外部の経験を通して人間の知覚を経た概念である。この思惟作用によって、上位概念と下位概念のような概念の階層化がなされる。また、多岐にわたる経験概念は適宜な枠組みによって分類される。このようにして、人間の言葉による思惟能力は向上し、推論、論理展開、分析と綜合、比較・整理などが容易にできるようになる。

経験概念を表現する言葉は、言葉による思惟を通して、新たな概念である純粋概念を創り出すようになる。純粋概念は、脳の前頭野と言語野の間の思惟ループにおいて言葉から生じる概念であり、人間の観念を経た概念といえる。思惟とは、第三章で説明しているように経験の認識において矛盾が生じている場合に起こる意識のことである。同様に観念とは、経験による外部からの情報が途絶え、人間に薫習（香りが染み込むように残存すること）された加工情報のみによる思弁のことである。

思弁における「知の意識」

思弁とは、広義には純粋概念を基本とした言葉による思惟である。思弁におけるニューラルネットワークは、外部との繋がりがない閉じた思量のループである。さらに、思弁と連結する想像あるいは記憶の意識では、過去の経験は言葉によって抽象化され種々の薫習を受けた内容になってくる。このため、想像の意識の支援の下で働く思弁は、抽象化の程度が高くなるにつれ、外界の具象性と疎遠になり乖離するようになってしまう。

思弁の始まりは、農耕によって食糧が豊富に確保できるようになり、生活に余裕が生まれるようになったことによる。これによって人間の共同社会の形態が進化し、分業化および階層化が必然的に起こる。その中で、経験知として把握できない事柄を人々に情報伝達する役割をもった人達が現われる。それが、例えば人間の死後の世界に関わり言葉でもって説明するシャーマンであった。あるいは人間の出自を語る人であった。そして、神の概念が付された世界に関わろうとする人達であった。彼等はそれらに関する経験概念をもたない中で、想像を働かせて新奇な言葉を創り出し、経験知として把握できない事柄を説明しようとしたのである。これこそが思弁の始まりであると思われる。新奇な言葉から純粋概念が生じることになる。

思弁は、農耕に適した河川地域の部族社会が拡大し、四大文明のような文明社会になってくると、社会の統治に有効になる。即ち、人間の武力による社会統治よりも、思弁による知は集合した多くの人間の心を捉え従わせることができるのである。本来、人間はホモ・サピエンスの誕生からして不安という情動を強く持つ動物である。そのため経験知にならない未知の事柄に対する好奇心は強く働く。だから原始宗教が発展を続け、文明社会になって宗教を生業とし専門にする集団が台頭する。思弁による知は、宗教を専門に扱う人達によって、主に神の領域や人間の未来のような未知の世界を対象にして、想像の意識を働かせて創り出されていった。

思弁による知は、哲学といわれる領域を対象にし、数多くの純粋概念と共に哲学知といえるものを創り出した。哲学の知は、インダス文明の少なくとも後期では盛んに創出されていたものと考える。インダス文明は紀元前三千年頃から同千八百年頃の間、西アジア一帯の広範囲で盛えており、瑜伽あるいはヨガする有様が遺跡から出土している。その後の古代インドでは、現在も続くヒンドゥー教すなわちバラモン教も含めた広義ヒンドゥー教の真理を得る修行において、ヨガによる瞑想法が形を変えて取り入れられているのである。

哲学知では、極めて多数のものが、古代インドあるいは古代ギリシャ以来の約二千八百年前から今日までにわたって、創り出され残されている。そして、それらは環境世界に対して働きかけるのではなく、専ら人間自身に働きかける思弁上のものであり、多くが実証的な知とはなり難い。しかし、哲学の思弁により多くの純粋概念が創出され、人間の思惟の作用、想像の作用が豊かになっていることは確かである。そして、逆に多くの純粋概念から想像作用を介して内的表象が生じ、例えばプラトンにおけるイデアによる観念的世界が築き上げられるまでになったと思われる。また自身への働きかけ即ち問いに問いを重ねることによって自省の意識が育まれていった。
思弁における「知の意識」では、純粋概念による思惟、想像及び観念の意識が強く働いてくる。想像は概念及び言葉を刺激媒体にして、刺激媒体の表象とは別の表象を誘起している心の状態である。想像と自省の意識について、第三章で展開する。

科学における「知の意識」

科学とは自然科学のことであり、アリストテレスの第二哲学である自然哲学の範疇に入ってくる。思弁による知が、人間の自己に問いを重ねて物事の本質即ち普遍を知ることであったのに対して、科学による知は自然界に働きかけて体系化して物事を知ることである。後者の知が観察や実験という人間の経験によって実証できるものであるのに対し、前者の知は実証性を必ずしも必要としない。科学による知は技術を派生させ、人工造成物を創造し種々の利器すなわち道具を造り出す。
科学による知は経験による知の特殊な形態といえる。科学の知の特質は、事物あるいは事象を尺度で計量し数値化するところにある。自然界の物事の関係または規則性は、数値により精確に把握できるようになる。科学における「知の意識」では、人間が農耕牧畜生活に入って自然界に強く働きかけ、あるいは感覚作用をするようになり、その原型が始まった。そこでは、地球の一日及び一年における太陽の動きの観察によって、時間の尺度が新たに考えられた。そして、距離という空間の尺度と併せて用いることによって、自然界の事柄が計量されるようになった。人間は、後期旧石器時代の少なくとも後半になると数の概念をもち、新石器時代になると簡単な算術をしたものと推定される。数の概念は純粋概念である。このように、科学における「知の意識」は、経験における「知の意識」で述べた感覚、言葉と数による思惟及び観念とを初期の段階から有していた。

メソポタミアや古代エジプトなどのオリエント文明、古代ギリシャ、中世アラビア等において、実証的な科学による知は少しずつ積み上げられ、一部は文字や図形などの表徴にして残されている。例えば、天上及び地上の自然現象の観測から暦や時計が創り出され、古代ギリシャのヒポクラテスによる実証的な医学、アリストテレスによる生き物の実証的観察、アリスタルコス（紀元前三一〇—二三〇年頃）の地動説、中世アラビアにおける錬金術分野の化学的実験等がよく知られている。また、事物等の詳細な計量を通して算術、幾何学あるいは代数学の概念が発達した。紀元前千九百年以後のバビロニア数学では六〇進法が考え出され、二次方程式の解法、平方根、円周率等が知られている。古代エジプトでは一〇進法による高精度の測量に基づいた幾何学的形状あるいは分数についての理解が進んだ。このような算術を用いる実用的な数学は、古代ギリシャに伝わり、紀元前七世紀から同三世紀にかけて理論化が進められた。代表的なものとして、タレスによる古代エジプト測地術の幾何学化、ピタゴラス（紀元前五八二―四九六年）の定理、アルキメデス（紀元前二八七頃―二一二年）による円、球などの求積法、ユークリッド原論などの幾何学が広く知られる。さらに中世アラビアでは広く代数学が発展している。

その後、イタリア・ルネサンスのヨーロッパ社会で芸術、文化の革新気運が興り、科学革命ともいわれる科学による知の新たな形態を惹き起こした。それは、一六八七年に出版されたニュートンの著書『自然哲学の数学的諸原理』いわゆるプリンキピアの題名のように、経験による知を扱う自然哲学にあって、自然界の諸事物の関係及び現象を数学モデルによって体系化された知とするものであった。このような自然科学は、ルネサンス後に輩出した地動説を唱えたコペルニクス、天体惑星の詳細な観測を残したティコ・ブラーエ、惑星の運行の法則を提唱したケプラー、実験によって自然を検証しようとしたガリレオ、自然法則に基づく発展的自然像あるいは新しい思弁方法を残したデカルト、そして天体の諸惑星の運行及び地上の物体の運動を数学的に表現する力学体系を創り上げたニュートンに大きく負うものである。

ニュートン力学体系は、デカルトの機械論的世界観あるいはニュートン的世界観と共に、一九世紀の終りまでの二百年強のあいだ信じ続けられる。その間、観察や実験等によった自然界への働きかけは、使用される観測器機の開発あるいは高性能化によって、それまで未経験であった自然の領域へと拡がっていった。その中で、ニュートン力学体系とニュートン的世界観の破綻する領域が現われ経験されるようになる。その発端は、一九世紀後半になって電磁現象において開かれる。それは、光の空間中の伝播と光のエネルギーに関わる実験で経験された。光学現象は、電磁気学体系の実験および理論の両面で、電磁現象の一部になってきていた。

例えばマイケルソン・モーリーの実験（一八八七年）は、光の空間（エーテル）中の速さに対する地球の軌道運動の相対的速さを、光干渉計によって計測しようとするものであった。しかし、その結果は計測を否定するものとなった。これは、自然界の諸事物及び事象の容器である絶対空間と絶対時間の概念に基づいたニュートン的世界観では全く説明できない経験事実である。そして、電磁現象の法則がどの慣性系でも同じ形式で表現されることは疑い得なくなった。慣性系とは、互いに等速度運動する全ての座標系のことである。そこで、アインシュタインはパラダイム転換をはかり、この経験的事実を取り込んだ数学モデルを提唱した。それが特殊相対性理論である。さらに、アインシュタインは、特殊相対性理論を拡張し、全ての物理法則が慣性系ばかりでなく任意の座標系において同じ形式になる、と仮定した。また、慣性質量と重力質量とに差異がない経験的事実から、加速系を慣性系へと見直すことができるという等価原理を仮定した。これによって、一般相対性理論あるいは重力理論といわれる数学モデルが創り出された。これらの理論では、空間と時間は絶対的なものでなく、観測者の等速運動あるいは加速運動のあり方によって伸縮する相対的なものになった。その数学モデルでは、空間と時間は独立したものでなく一体となった四次元時空を形成し、四次元時空が自然の中で絶対的な実体になった。そして、これらの理論から予言される事あるいは概念が、加速器等により光速に近い速度にされた物質の現象や宇宙的なマクロ世界において、観測され検証され人間の経験事実になっている。

また、光エネルギーに関わる実験は、製鉄産業における溶鉱炉の温度制御の必要性から、黒体熱輻射を計測するものであり黒体放射の実験である。熱は電磁波エネルギーとして種々の波長の光を放射する。しかし、そのエネルギーの波長分布はそれまでの物理学では説明できなかった。そこでプランク（一八五八―一九四七年）は、光エネルギーが不連続なエネルギー量子で成ること、即ちプランク定数と光の振動数の積で表わされるエネルギーの塊が集ったものと考えることにより、実験事実を理論的に説明した。この経験事実であるエネルギー量子の考えは、日常世界より極微のミクロ世界の原子構造の説明に適用され、いわゆるボーア（一八八五―一九六二年）の原子模型につながった。そして、ミクロ世界を説明できる基本の数学モデルが二〇年以上にわたり多くの頭脳を通して創り上げられた。それがハイゼンベルクのマトリックス力学とそれに等価なシュレディンガー（一八八七―一九六一年）による波動力学である。このミクロ世界の物質の挙動を表現できる数学モデルは量子力学（量子論）として体系化されていった。そして、ミクロ世界の諸物質あるいは事象は、この数学モデルを基本にした理論により予言され、予言した概念が実験により検証されて、事実として積み上げられてきた。逆に、ミクロ世界を対象にした実験という人間の働きかけにより、新たな経験をしその結果が数学モデルの力学体系で説明できることを確認している。このようにして、ミクロ世界の物質は階層構造に整理されてきている。さらに、ミクロ世界から宇宙が誕生し進化していく現象が、観測と理論の両面から検討されている。

以上は物質現象を対象にした科学分野にあって基礎となるものを取り上げたが、これらに立脚して創り出される応用科学は数多く存在する。そして、応用科学の知も観測と理論の両面で体系化される。ここで、未経験の自然界の領域を対象とした科学の知では、旧来の経験から得た固定観念を逸脱あるいは放棄することが求められる。例えば、ニュートン的世界観の基礎にあった絶対空間および絶対時間は、アインシュタインの世界観では放棄され、事象に固有の時空にされた。また、ミクロ世界では、従来の論理的思考あるいは思弁に不可欠な根本原理すなわち同一律、排中律、充足理由律、矛盾律のうち矛盾律以外の根本原理が成立しないようにみえる。さらに、数学モデルよって新奇な概念が数多く創り出され、それに従った世界描像が求められる。このため、科学における「知の意識」では想像の意識が重要になってくる。

自然界には物質と生物等の生命体とが存在する。生物現象を対象にした科学では、ダーウィンの進化論のような現象論的理解の段階から実体論的段階となった科学知が急増している。これは、一九五三年にワトソンとクリックによってＤＮＡの二重らせん構造が提唱され、分子レベルの分析が急速に進展しているからである。例えばＤＮＡのゲノム解析が進み、その生物の形質あるいは進化との関連が解明されてきている。さらには、脳の認知科学の分野において、脳の部位の働きが特定されてきている。しかし、生についての本質的理解は、物質現象を対象にした科学に較べて未だ大きく遅れている。

一方、生命科学から派生する科学技術は、人間による生命操作を容易にし、生物界に種々の人工生物を造り出せるようになってきている。このような生命操作は、生物の自然選択による進化を破壊し、人為選択による生物界の破滅とホモ・サピエンスの滅亡に繋がるものであることに留意しなければならない。

同様に、科学技術による物質操作においても、核エネルギーの暴発、化学物質による地球汚染を制御しなければ、自然界は破壊され人類の滅亡をきたすことに留意しなければならない。

人間における「知の意識」は、これまでの人類進化でＤＮＡに刻まれているものではない。この意識は、人間個体の成長の中で、多細胞生物が一般に有している外界との間での学習を通し、思惟、観念、想像等の意識を複合させて得られるものである。しかし、この「知の意識」は、将来の遺伝子変容によってＤＮＡに書き込まれるかもしれない。例えば脳神経あるいはそのネットワークの変容という脳進化は充分に生じるのである。そこでは、現在では全く予想できない世界が展開する。しかし、ヘッケルの反復説は依然として生き続けているであろう。

第三章　人間の意識とは

人間の意識作用は生物特有の適応機能に基づいている。適応機能は、生物が開放系の中で生存していくために必須であり、進化を続ける要因である。それは、生物と外界との間の生の二次的相互作用である環作用により発現し、相互の情報を媒体にして生じる。そのため、適応機能は、生物が持っている情報伝達系を含んで構成される適応機構において引き起こされる。以下に、生物の適応機構を手がかりにして人間の意識について考察する。

第一節　生物の適応機構

生物の適応機能には、有機化合物からなる情報伝達物質を媒介とする生理的なものと、神経伝達物質を媒介とする心理的なものとがある。それに対応して、生物の適応機構にも生理的なものと心理的なものが挙げられる。

1　生理的な機構

生体内に備わる生理的な適応機構は、微生物等の単細胞生物から動植物の多細胞生物にわたる全生物でみられる。この適応機構は、その構成要素として生体の内分泌物質および核ＤＮＡを含んでいる。内分泌物質はホルモン、ＲＮＡ等の有機化合物からなる情報伝達物質である。また、核ＤＮＡは情報伝達を制御し、必要な情報を保存する情報蓄積部になっている。

（1）単細胞生物の場合

原核生物、原生生物のような単細胞生物の場合、細胞内の核ＤＮＡ等の原形質、細胞膜、膜外組織間にあって、有機化合物から成る情報伝達物質がやり取りされる。この生理的な適応機構と外界との間の環作用の創発により、適応機能が発現する。情報伝達物質は、物質代謝によって細胞内で生成される。適応機能の発現では、情報伝達物質が細胞膜を通り抜け、外部に直接的に働きかけあるいは外部の刺激に反応する。また、外部からの何らかのメッセージ物質を核ＤＮＡで感知して反応する。さらには、繊毛や鞭毛のような膜外組織を働かすことによって、外界からの種々の刺激に対する反応行動が可能になる。外部からの刺激は、外界の温度、圧力あるいは物質濃度等により生じる。あるいは、個体の周りの生命体が発する有機化合物から成る情報伝達物質は、個体にとって苦楽を問わず刺激になる。

このような外界からの刺激に対して、単細胞生物は形質変容という適応機能を発現する。そして、生物は経験学習を繰り返す中で能動的な形質変容をすることになる。詳細は第一章二節３「形質変容」と第二章二節２「環境世界における進化と適応機能」に述べられている。

（2）多細胞生物の場合

多細胞の細胞間では、原形質は何らかの連絡を取り合っている。細胞間の連絡は、単細胞生物で説明した情報伝達物質により行なわれる。さらには、血管、分泌腺等の循環器系が形成され、情報伝達物質はそれを通路にして細胞間で円滑に交換できるようになっている。循環器系は、多細胞の機能分化が起こり生物が種々の器官を有することで必要になる。植物や菌類では、導管及び師管といわれるような水分や養分の通路が循環器系の役割を担っている。これらも適応機構を構成する。

多細胞生物では、単細胞生物の場合の細胞構成要素間でやり取りされる情報伝達物質と細胞間でやりとりされる情報伝達物質が存在する。細胞によって互いに異なる情報伝達物質が放出される。特に機能分化した異なる器官からは、器官特有の情報伝達物質が造られ、循環器系を通して他の器官へと情報伝達がなされる。心臓、肝臓、腎臓、肺臓などの器官はそれぞれが異なる情報伝達物質を造り、器官相互間でメッセージ物質を交換し合い、器官の調節をし合っている。このようにして、多細胞生物は有機体として統合され、環境世界に対しても適切な適応機能を発現することができる。

情報伝達物質は個体発生においても重要な働きをする。個体は細胞分裂により多細胞化するが、機能分化が情報伝達物質によって行われるのである。例えば臓器の発生では、初めに形成された臓器が放出する情報伝達物質により、次の臓器が新たに造り出され、さらにその新しい臓器が放出する情報伝達物質から別の臓器が形成される。細胞分裂で産まれる新細胞（幹細胞）は、情報伝達物質により新細胞の核ＤＮＡが起動することで、特定の機能に分化していく。

多細胞生物において、特定機能に分化した細胞であっても情報伝達物質であるメッセージ物質によって、細胞の核ＤＮＡは変異を受け得る。変異によって、多細胞生物は環境世界に適応するように変容することができる。

２　心理的な機構

適応機構は神経系と神経伝達物質とから成る。生物は多細胞になり系統進化してきた。そして、生物のそれぞれの系統において、細胞有機体としての機能が高まるように変容している。その中で、循環器系の形成に続いて、多細胞間を有機的に連携する神経系が創り出された。

第一章一節での神経伝達物質（四三頁参照）について説明したが、神経系には散在神経系と集中神経系がある。これらの神経系を通して、動物を構成している多細胞間あるいは諸器官の間では、神経伝達物質のやりとりがなされる。神経伝達物質による情報の伝達は、人間社会に張り巡らされた通信網を介した情報伝達のようなものである。このような情報伝達は、有機化合物から成る情報伝達物質の場合に較べて遙かに迅速化される。

さらに、集中神経系においては、複数の神経節が癒合し中枢化し脳として発達する。脳では、個体の各部から集められた情報が処理され加工される。そして、加工情報は個体の必要な部所へ伝達される。このようにして、複雑な情報処理も可能になり細胞有機体の機能が高度化する。その最たるものが人間である。

第二節　人間の心

有史以前の人類は、外界の世界の諸事物を擬人化して霊魂がそれらに宿ると考えた。人間も同様に霊魂を有しているとされ、古代ギリシャや古代インド世界では、霊魂すなわち心の実在が種々に考察されている。古代ギリシャでは、ヒポクラテスは心が脳にあるとし、プラトンは脳と脊髄に宿るとし、アリストテレスは心臓に存在するとした。

古代インドでは、全生物にアートマンが存在して輪廻転生するものであると考えられた。その後、古代インドのウパニシャッド哲学の一部が仏教哲理に取り込まれ、認識論の境地を極めたとされる唯識思想の中では、心はアーラヤ識（阿頼耶識）およびマナ識（末那識）と、五つの感覚と知覚とからなる六識の立体構造からなるとされた。

西洋哲学においては、汎神論が根強くあり、古代ギリシャ以来、認識論において観念論と実在論の立場が種々に展開され、それと共に人間の意識あるいは心が取り上げられた。その中で、汎心論は、古代ギリシャのタレスにみられ、ライプニッツ、A・N・ホワイトヘッド（一八六一―一九四七年）、ラッセル（一八七二―一九七〇年）等にみられるように、その内容を変えて引き継がれている。ライプニッツのモナドロジー（単子論）は、微小なモナド（単子）が心を有しており、諸事物あるいは世界に心が遍在するとした。これは、自然科学の発展が顕著な現代においても哲学的に強い影響を有している。現代の分析哲学における汎心論では、Ｇ・ストローソン（一九五二年―）が科学的な自然主義である物理主義の立場から、物的現象と心的現象を一元論的に考え、ミクロ心論というべき考えを展開している。ミクロ心論では、ミクロの物質である原子あるいは素粒子も心的な性質を有することになる。

思弁の哲学に代わって、人工造成物を創り出し人間生活に高い利便性をもたらす経験科学が幅をきかしている現在では、脳死が人間の死とされ、死と共に人間の心はあたかも無くなるように考えられている。人間の臓器移殖が平然と行われ、さらに再生医療に用いるための臓器が他の動物によって創り出されようとしている。これらは、唯物論に立つ生命科学が言う、心は脳という臓器に宿るとする考えを広く受け入れていることを示している。

本書では、人間の意識作用は生物の基本的機能の一つである適応機能から派生したものであるとの考えの下に、心は適応機構が生を得たものと考える。即ち、心とは核ＤＮＡ、有機化合物の情報伝達物質あるいはその通路の循環器系または神経伝達物質とその通路の神経系であって、これらの伝達物質が活動している生理的／心理的な情報伝達・処理システムである。

植物においては、種子の胚は、数千年の後であっても生を得て、核ＤＮＡが活動を始める。そして、古代の蓮の花を咲かせる。これは、生の目覚めであり、第一章一節で述べた生命作用という生の基本的相互作用によって発現し、物質であった種子が生を有するようになると考え得る。適応機構は、各構成要素が生の基本的相互作用によって生を得ることにより、活性化して心になるのである。本書では、ミクロ心論による心は考えない。このようにして、全生物も心を有すると言える。現在、物理・化学的な法則にしたがった生の発現の把握はできていない。生物の種によって情報伝達・処理システムの進化を異にしており、具体的な心は異なるものである。その中で、人間の心は、脳の情報伝達系であるニューラルネットワークが特異的に進化し、知を志向するほどになっている。

第三節　人間の意識

近年、意識あるいは心に関する思索は、従来の思弁の認識論に対して、心理学、神経科学、脳科学あるいは認知科学のような経験科学の知を取り入れるようになってきている。デカルト、カント、ヘーゲル、フッサールあるいはメルロ＝ポンティ（一九〇八―六一年）等の思弁による意識哲学は、急速に進展する経験科学の科学知を通して検討されるようになってきた。

哲学者のC・I・ルイス（一八八三―一九六四年）の提唱したクオリア（質感、感覚質）という哲学概念は、倫理学者でもあったトマス・ネーゲル（一九三七年―）等により、一九七〇年代中頃から哲学と脳科学の接点になる概念として広まった。そして、人間の意識は、経験の主観的性格を有するものとの観点に立ち、進化学的な考察が種々になされている。また、経験科学による脳の部位の働きあるいはニューロンの活動の分析から、意識科学ともいえる意識に関する多くの提案がされている

本書では、人間の意識は、人間の心の或る活動様態を指し示すものであると考える。前章で述べた「生の意識」、「知の意識」は、それぞれ生を志向している心であり、知を志向する心であった。これらは複合意識であり、個別の意識が種々に組み合わされ複合している。個別意識は人間では種々の言葉になって表現されている。そして、この数限りない意識のうちの或る意識は直接的な適応機能である意識作用を引き起こす。ある意識は、身体の行為や行動の動因となり、前述した間接的な適応機能である意識作用を引き起こすことになる。このように、意識は身体を通して表われ、心の現象であると言える。それは心の或る機能状態を指し示している。

1　心の現象としての意識

適応機構である心は、生理的な機構と心理的な機構を備えた情報伝達・処理システムになっている。それは、人間と外界との間で情報のやりとりをする実体でありヒュレー（質料）的といえる。心の情報活動によって、人間の心に活動の種々の形相が生じる。高度に発達した脳のニューラルネットワークでは、種々の複雑なニューロンの情報連結が起こる。それは、脳の神経科学においてニューロンの発火パターンといわれる形相の良い例である。このような情報の交換においては、中枢神経と共に末梢神経や有機化合物の情報伝達物質も関与している。脳のニューロン連結において、情報は言語野と結びつくこともある。これが心の現象として現われた意識なのである。

意識は言葉によって概念的表現される。言葉には哲学の言葉、科学の言葉や数学の言葉がある。以下では、日常言語によって種々の意識が表現される。意識表現には、上位／下位意識のように概念の階層構造をもつ言葉が用いられる。例えば生存、共生、感覚、知覚、共感、欲望、感情、認識、思惟、想像、記憶、観念など枚挙に暇がない。しかし、心の様態である意識には、通常の言語では表現し難いものが多々ある。

その一つが、生物学的な基盤をなす形質変容に根差している意識である。この意識は、心の活動の元である生の二次的相互作用を根源にしているものであり、仮に「生」の意識あるいは変容の意識と呼び得るかもしれない。「生」とは、心の生の形相であり生の本質に繋がる。生物は、外部からの情報を処理しさらに内部の細胞の自己複製を通して、受動的あるいは能動的に変容し、外部に対して可塑性をもって適応する本性がある。自己複製は細胞の核ＤＮＡの情報に基づいてなされることから、「生」は情報処理あるいは情報応答ともいえる。

また、多くの動物の適応機能である真似るあるいは学ぶという意識作用がある。この意識は、「生」の意識に根差したものと考えられるが、その適切な言語表現が難しい。仮に学習意識とすると、学習の意識作用は、リハビリにみられるように、可塑性を有する情報伝達・処理システムにおいて、新たなニューロン連結をすることになる。この学習意識は人間に先験的に備わるものである。

２　意識の構造

人間の行動は意識の表出でありその表現にもなっている。そのため、言葉の階層化による整理、外部の情報の多層化による整理等の行動から、意識は重層化された構造になっているものと考えられる。すなわち、ニューロンの情報連結のパターンでは、あるものは大脳の各部位でモジュール化されたユニットになり、個別意識となる。そして、複数のユニットは連合する構造を形成し、複合意識になる。さらに、情報連結パターンは、これらの連合ユニットを統合する構造をも形成している。統合する意識としては、知覚、認識、観念および自我の意識（一三三頁参照）あるいは自己意識などが考えられる。人間では、認識の意識が、心の形相である種々の意識を統合して気付く（意識する）ようになっていると考えられる。そして、潜在意識といわれるものは、認識により統合されない意識のことになる。意識はこのように重層化し多層構造になっている。

このニューロンの情報連結は、脳を含む種々の人体部位において、「生」、本能（先験的なもの）、経験、記憶等を動機にして触発され生じる。その重層構造は心の並列動作の活動の形相をなし、これは進化の中にさらされている。

人間の心および意識の考察から、物質の本質はエネルギーであるのに対して、生の本質は情報であると考えられないだろうか。第四章の存在の論究においては、個別意識が連合した複合意識を議論することになる。

ここで、意識作用について言及しておく。作用は、物理・化学的な相互作用とは異なるもので、仏教哲理にある作意に近い概念である。作意は唯識思想における八つの識と和合して働くものとされる。本書では、作用は認識の意識に結びつくことである。以下では典型的に言語表現された意識について考察する。

3　言語表現された意識

現代の人間も他の生物も起源生物を始源として系統進化してきた生き物である以上、それらの心に共通するところが見出せるはずである。人間の進化した特異な意識、「知の意識」もその起源へと幾らかでも遡って考察できるだろう。ここでは、このような進化の視点も含めて具体的な意識の例を取り上げる。

（1）他の生物にもある意識

生　存

人間にとってのこの意識は、普段では生じないが、死に直面するような異常な事態になって自覚される。この意識は、進化の痕跡をなす古層、旧層および新層からなる三層構造の大脳にあって、古層の生命脳で生じるとされる。それは、共生、一体の意識と共に複合し「生の意識」を生成する。生存という適応機構は、5界説で言う原核生物界、原生生物界、植物界、菌界及び動物界の全生物に備えられている。細胞は、有機化合物からなる情報伝達物質を単細胞内や多細胞間で交換して生きている。生物において生命は機能としての属性や階層を成す。生命機能の基本層は物質代謝になるが、これは全生物によってなされる生存意識の結果である。生存意識は生命の階層において形態を異にすると思われる。生理的及び心理的な適応機構が複雑化し組織化されるほど、その生物は階層構造の上位層にあると考える。それゆえ人間は生命の最高位にあるが、その生存意識を鈍化させている。

感　覚

人間の意識としては、視覚、聴覚、嗅覚、味覚、触覚の五感覚が刺激情報の入力として知られている。これらの下位意識は、それぞれの感覚器官を刺激情報の受容部とし、神経系との接合部を経て、その興奮のインパルスとなり中枢神経系をなす脳や脊髄に伝達されて生じる。このような心理的適応機構の他に、生理的適応機構も同時に働いていると考えられる。嗅覚、味覚、触覚では、有機化合物の情報伝達物質が血管などを通して脳や脊髄に伝達される。そして、入力された刺激情報は中枢神経系において知覚作用を受け表象になる。感覚の意識は、情報の出力部に相当する諸器管にも関連して生じ、身体の運動感覚や平衡感覚も該当することになる。

感覚という適応機構は、その機能に大きな幅をもつが、生物の全てに備えられている。動物では、五感の能力や身体能力が人間より優れる生き物は多数種にのぼる。植物でも、心は明らかに確認される。向日葵のように陽光に対して屈光あるいは傾光する植物は、心に従って反応しているのである。さらにオジギソウ、シロイヌナズナあるいは食虫植物は、外部の刺激を受容する部位を備えており、刺激情報に対して反応することがよく知られている。菌類でも植物の場合と同じ様な刺激反応が見られる。同様に、適応機能である刺激反応をする原生生物や原核生物も何らかの感覚を有している。

知覚

中枢神経系をなす脳に伝達された刺激情報は、感覚野のニューラルネットワークにおいて意識ある像にまとめられる。即ち、赤いリンゴというような事物の表象が、感覚として脳に伝達された入力情報によって形成される。この場合、脳の記憶部位にある情報も活用され、多くの神経伝達物質と共に有機化合物の情報伝達物質が統合して活動する。このようにして表象の形成される心の様態が知覚という認知であると思われる。

知覚の意識は、脳という中枢神経系を有する動物、昆虫等の節足動物や軟体動物の頭足類、脊索動物以上の高位階層にある多くの動物種が備えている。神経節を有する環形動物や扁形動物あるいは散在神経系の刺胞動物は、感覚による刺激反応を活発にすることができる。しかし、これらの動物は知覚を有さないと思われる。また、植物や菌類も確かに刺激反応を示す種が存在するけれども、神経系を有することがなく知覚の意識はないのであろう。

共　感

人間の本能的な共感の意識は、事物あるいは出来事に共鳴し、それらと一体になる情動を伴って生じている。この情動は、大脳の旧層である動物脳といわれる部位で生じるとされる。これは、通常生理的変化を伴う強い感情であり、生存にも密接に関連し生を志向する心をなしている。しかし、この様な心は現代の人間では弱体化してきており、普段では現われ難くなっている。その発現は、人が酩酊し本能的といわれる状態になったり、死に直面するような身の危険を強く感じる場合にみられる。前者は人間脳からの抑制呪縛が解かれるからであり、後者は、感覚という刺激情報が人間脳の他に、直接に動物脳に達するためである。

共感の意識は、諸事物や出来事に対する感受という認知も伴っている。これらから、情動と認知とが連合して起こる複合意識と考えることができる。共感意識は、結局は情動の心を有して、さらには何らかの認知の心を示す高位の動物により生じているのであろう。哺乳類、鳥類、爬虫類、魚類、そして軟体動物の頭足類は少なくとも含まれると考えられる。

欲　望

人間の欲望の意識は生命の機能維持、不安の裏返しである好奇心、集団社会での存続等を満足させる欲求である。生命維持の欲望は、三層構造の大脳の古層である生命脳で生じるとされる食欲、性欲及び睡眠欲である。生命脳は神経管の最先端に位置する脳幹であり、人間の多岐にわたる欲望の根源をなしている。好奇心を満足させる欲求は、「知の意識」の根源でもあり、生命脳を覆う動物脳で生じる。人間社会に根ざして生じる所属、地位やお金等の欲求は、動物脳を覆っている新層の人間脳で生じる。

結局は、欲望の意識は人間が生存していくために、環境に働きかけあるいは反応するための動機付けになっている。このような心は全ての生物に備わっているといえる。細菌のような単細胞生物であっても、基本機能である代謝あるいは自己複製が抑制される環境に置かれると、その抑制を解除しようとする適応機能が発現するからである。

感　情

感情の意識は極めて多種多様な下位意識から成る。ここでは他の生物も有すると思われる感情を取り上げることにする。人間に特有と思われる感情は人間に持有の意識（一八〇頁参照）で改めて考察する。

人間の感情は、外界の事物あるいは出来事を対象にして生じる場合と、自己自身を対象にして生じる場合とがある。前者では、感覚により、対象を察知した後に脳内で知覚し、その後に感情が現われる場合と、対象の知覚の無いままに情動という感情が生じる場合とがある。この情動については動物脳で現われるが、一時的で最も激しい怒り、恐れ、不安あるいは性愛のような激情として表出する。情動は、生存に密に関わるもので、感覚を経て知覚なしに瞬時に感受される。これに対して、知覚を経た感情は、愛憎、嫌悪、悲喜、驚嘆、美醜など気持の現われである。これは、情動に較べて穏やかであり持続的な感情であり、脳のニューラルネットワークの中で形成される。激情も人間脳の中で抑制されたものに変化することもある。

知覚を経た感情は、認知機能をもたない植物界の生物には現われない。これに対し、認知機能をもつ動物では、感情の下位意識によって該当する動物は異なってくる。愛憎、嫌悪、悲喜、驚嘆等の通常の喜怒哀楽の感情は、少なくともサルなどの霊長類以上の階層の動物あるいはイルカなどの鯨類には備わっている。犬や猫、ライオン等の大型ネコ類あるいは大型肉食動物、ゾウ等の大型草食動物であっても、人間と同種類の感情は備わっている。感情も欲望と同じように生き物の行動の動機付けになる。そのために、鳥類、爬虫類、魚類及び頭足類のような動物も、人間の生存に関わる感情、例えば子への愛情、驚きの感情をもっている。

一方、自己自身を対象にする感情では、外界を対象にする外部情報を必要とする感覚と認知を経る必要はない。ここで生じる感情は、自らを顧みる自省心や身体内部の変化の察知から湧くものであり、満足感と不快を基底におく。そこでは、誇らしい、恥ずかしい、楽しい、快い、苦しい等多くの感情表現がなされる。

それでは、人間の自己自身に対する感情は、他の生物にもあるのだろうか。自省は全生物に敷衍すると、生物自身の中での情報伝達物質あるいは神経伝達物質のフィードバックである。これは神経系もなく認知機能もないが、有機化合物からなる情報伝達物質の交換やフィードバックが可能な生物において起こる感情を否定するものでない。例えば、或る種の植物は音楽にふれて成長を促進させる。これは植物に快い感情が表出していることを示す。この場合、植物は必要な有機化合物の円滑な流れによる満足感をもっているのである。このような感情は、動物、菌類、原生生物及び原核生物にも生じていると考えられる。

認　識

認識とは物事に分別を加えて何らかの判断をする心の様態である。そして、この認識があって身体の動きを伴う行動が起こる。即ち、認識による情報処理は、身体を働かす神経伝達物質あるいは情報伝達物質を刺激及び制御する。

知覚は感覚という刺激情報から外部に現前する物事について外的な表象を得る。また、人間にとっての自省は、記憶されている種々の意識内容から、自覚を通して内的な表象を得る。記憶された意識内容とは、知覚、欲望、感情、認識あるいは思惟、想像、観念などの意識における過去の記憶内容である。

認識における分別とは、外的や内的な表象を整理し分類することである。そして認識における判断とは、分別により行動に移せる確信をもつことにある。このような認識は、大脳及び小脳の記憶部位に蓄積されている個人の過去の経験、即ち記憶経験に基づいて統合的になされる。

記憶経験には過去の認識あるいはそれによる行動の結果が含まれている。記憶経験は情報伝達するニューロンの繋がり方によりパターン化され、大脳及び小脳の記憶部位で記憶内容の出し入れができるようになっている。そして、認識は表象と共に分節され分類され、記憶部位に格納されている。記憶の科学的リアリティは未だ分からないが、実体論的にはニューロンの繋がり形態が認識要素（分節）を分類し、不揮発性メモリとして機能しているのであろう。

個人の新しい経験に対する認識は、新たな表象に対して行われる。新たな表象は、記憶部位に格納されている記憶経験の中で過去の認識と照合され、新たな認識が与えられる。認識要素の分類は、累積される新たな認識により柔軟に変更され可塑的でもある。認識における分類あるいは記憶における経験の分節の仕方では、基軸の部分は遺伝によって先験的な枠組として設定されていると思われる。

このような認識という意識にあって、言葉あるいは言語は記憶情報の処理に適合している。人間は具象的である表象を概念によって抽象化しコンパクト化すると共に言葉で表現する。言葉は記憶情報のタグ（名札）になり、情報量を大幅に低減させる。また、認識における新旧の表象の対照では、情報量の多い具象にかわって、情報圧縮された抽象のタグの比較処理が行える。このために、広い範囲にわたる情報処理が容易になり、認識範囲の拡大や認識精度の向上等、認識機能は大幅に高度化する。言葉の効用は、思惟、想像及び観念という思量にとって特に顕著に現われる。

知覚の意識でふれたように、脳という中枢神経系をもつ動物は認識の意識を備えている。しかし、認識の機能は動物種によって大きく異なっている。蛾のハチノスツヅリガという昆虫の聴力は、高周波領域が人間の二万ヘルツに対し三〇万ヘルツあるといわれる。そのため、ハチノスツヅリガの環境世界の認識では、音の世界が人間の場合より大きな拡がりを有し、高精細な認識を可能にする。また、人間の百万―一億倍になる嗅覚に優れた犬は、臭に特化した認識機能では人間より遙かに高度である。

感覚の意識でふれたように、全生物は外部情報を何らかの形で入力している。そして、刺激情報に対して反応をする。例えば、オジギソウという植物は接触されると葉や葉柄を順番に収縮させる。また、シロイヌナズナは自身の葉が食べられると、除虫効果のあるからし油を分泌する。これらは正に刺激反応であり、植物の適応機能であることを示す。しかし、動物以外の生物は認識の意識をもたないと思われる。人間の認識に類似しない認知のメカニズムを全否定することはできない。これについては人間の減退した意識（一八二頁参照）で考察する。

思　惟

思惟の根源は推理あるいは推論することである。かつて、明確な概念も言葉も持たなかった人間は、経験の認識を経て身体行動による刺激反応をしていた。狩りの失敗や成功を通じて、感覚及び知覚により認識することを繰り返していた。経験による認識からなる記憶情報と、感覚や知覚による認識からなる現前情報との間は強く連関している。そのため、認識された二つの経験の繋がりが試行錯誤に推論される。狩りの失敗について二つの認識要素の比較がなされ、推論された。このような環境世界への適応こそが推論という思惟を生成させたのであろう。

人間の推論では、二つ以上の複数の出来事の関係が多重的に比較される。因果関係、従属関係、矛盾関係等を通して、思惟の結果はその後の行動に反映される。この思惟にあっては、思惟される出来事は一時的に記憶されて、脳内に保管され思惟ループの中で処理される。

思惟作用は脳の神経細胞の試行錯誤によって発現する。ニューラルネットワークにおける情報処理はフィードバック制御を通して行われ、出力情報の検証がなされる。検証が行われる点は想像意識の場合と異なる。また、記憶された情報には経験からの刺激情報が含まれている。この点が観念意識の場合と大きく異なる。

言葉の獲得は思惟作用にも大きく影響している。言葉は、具象の記憶情報および現前情報の表象を抽象化し、これらの情報のタグにもなり、多くの情報処理を容易にしている。そのため、思惟では、推論の範囲あるいは精度が格段に進化した。演繹や帰納の論理展開、分析及び綜合、比較と整理などといった高度な思惟がなされる。

昨今、人間の情報処理を模したＡＩ（人工知能）の実現のために、種々の数理モデルが検討されている。例えばサイバネティクス（制御システム理論）とオートポイエーシス（自己創出）の考えを組み合わせ、自律的な情報処理システムを創ることが考えられた。最近では、ディープラーニング（深層学習）を活用した生成ＡＩが開発されてきている。生成ＡＩは、学習したデータの情報処理をするもので、言語、画像などのデータ間の関係性から、自律的な応答表現をする。しかし、人間の思惟における神経細胞の繋がりとニューラルネットワークの科学技術による模擬は、人工造成物の中で実現できるものではないであろう。人間の思惟には感覚、感情との繋がりがあり、また、脳のニューロンの情報連結は、神経伝達物質の他に有機化合物からなる情報伝達物質によって可能になっていると思われるからである。情報伝達物質は血管を通して神経細胞のある脳内に運ばれ、神経細胞の繋がりに影響を与えている。

思惟作用では経験と記憶が重要である。学習は人間の他に多くの動物の成長時にみられ、思惟にとって極めて有効な経験である。思惟の根源は二つの事柄の関連性を探る推論であるが、記憶機能をもつ動物ではこの思惟作用を表出させる生き物が多くみられる。

カラスは道路にドングリを落とし、車が堅い殻を割るのを待って、中の実を採食する行動をとる。これは正に類推という推論の表われである。また、鯉のエサ釣では、大物は賢く釣上げるのが難しい。これも餌と身の危険を関連付ける魚の思惟作用を示すものであろう。これらは人間にとっては低レベルの推論である。

一方、サルのような霊長類やチンパンジーのような類人猿になると、採食において堅い実の殻を割るために硬い石や形を選択したり、アリ塚の蟻を釣り出すために草木の小枝を加工する。これらは間接的な二つの事柄を結びつける推論であり、人間の思推レベルに近い。

思惟の意識は、脳をもち知覚と記憶が可能な軟体動物や脊索動物以上の高位階層の動物種に備わっていると思われる。しかし、植物や菌類にはこのような適応機構は無い。

想　像

想像とはこころが外的あるいは内的な刺激媒体によって、刺激媒体の表象とは別の表象を誘起している状態である。想念、想起、連想、空想、夢想、幻想、妄想、瞑想等と多くの表現が用いられる。脳における想像作用は、知覚、共感、欲望、感情、思惟など他の働きの記憶内容に基づいて創り出される。あるいは、想像の働きの上にさらに別の想像作用が重ねられる。このため、多くの記憶内容が想像作用の素材として再生され、適宜に組み合わされて、種々に表現された想像の作用が発現する。

想像作用は脳の神経細胞によるニューラルネットワークの中で誘起される。刺激媒体は記憶内容を活性化し、ニューラルネットワークに記憶内容を再生させている。このネットワークにおける情報処理では、思惟に必要であったフィードバック制御による出力情報の検証はしない。そのために、出力情報となった想像内容には、空想や夢想のように、これまでに経験しない心像あるいは非現実的な想像表象の誘起が可能である。

想像の刺激媒体としては、外部対象物あるいはその認知を通した外的表象、そして欲望、感情、思惟等の記憶や自省で生じる内的表象が考えられる。認知は知覚や感受のことである。また、具象を抽象化する言葉や図柄は、多くの想像を誘起する刺激媒体になっている。ニューラルネットワークの情報処理の高速化や多機能化に有効であるこれらの言葉や図形に、想像によって多くの具象性が付与されるのである。

想像意識をもつ生物は、少なくとも記憶の機能を有し、記憶内容を再生することのできるものである。そして、刺激媒体を知覚できることが必要である。それは軟体動物の頭足類であるタコやイカ、そして両生類以上の高位階層の爬虫類、鳥類、哺乳類であると思われる。

記　憶

記憶は、外部と内部の全ての経験を対象にして、内容を保管することである。内容保管が時間的に長い場合は長期記憶といわれ、短いものは短期記憶といわれる。前者は生存に深く関わるもので一度の経験でほぼ一生の間残存する。後者は学習の程度に依存するものであり、時間経過と共に消滅する。

記憶の内容は、外部経験を基にした生存、感覚、知覚、共感、欲望、感情等の意識、内部経験を基にした欲望、感情、認識、思惟、想像、観念等の意識に関する内容である。前者の意識内容は外部対象物から一次的に惹き起こされるものであり、後者は人間のこころで生成された表象を対象にして惹き起こされた意識内容である。一般に前者の意識に関する記憶は長期記憶になり易く、三つ児の魂百までの諺の如く、若い頃の一度の経験は高齢になっても鮮明である。これに対して後者の記憶は短期記憶のようである。

記憶部位に格納される記憶内容は、全意識の生成における素材として重要である。特に想像するためには記憶された多種の意識内容が用いられる。思惟においては、認知心理学でいわれるワーキングメモリという揮発性メモリが継続的に使用される。また、認識では、記憶内容が書き換え可能な不揮発性メモリに格納されている記憶内容が用いられる。記憶部位は、三層構造の大脳の広範囲に配置され、小脳では身体の活動に深く関係して高容量化されている。

長期記憶では、所定のニューラルネットワークが編成され固定している。そして、あるスイッチにより記憶作用が発現される。これに対して、短期記憶には神経細胞の繋り方に種々の形態があると考えられる。例えば思惟意識で使用されるワーキングメモリでは、感覚野、感覚性言語野及び思惟の情報処理をする前頭野の間に形成された思惟ループにあって、あたかもキャッシュメモリのような働きをする複数の神経細胞の繋がりが断続的に変化する。また、ニューラルネットワークにおいて、一部の神経細胞の繋がりが断続的に変化する場合もある。記憶における神経細胞の繋がり方には、その他に種々の形態がある。神経細胞間の接合部であるシナプスで放出される有機化合物、あるいは血管を通して脳内に運ばれシナプス近傍に集まる別の有機化合物等により、神経細胞の繋がりは自在に変化できるのである。

記憶作用は生物にとって生存のために極めて重要なものである。脳という中枢神経系を備える動物は、程度の差はあっても人間と同じ様な記憶意識を有する。また、脳までの発達をしていない神経節を備えるプラナリアのような扁形動物、さらにはヒドラのような散在神経系の刺胞動物であっても、何らかの記憶意識はある。しかし、循環器系はあるが神経系のない多細胞生物は記憶意識を持たないとしてよい。ところで、生物の適応機構の構成要素として核DNAが含まれることを考えると、全生物は広い意味で記憶意識を備えている。核DNAは全生物の進化を保存し記憶しているからである。

(2) 人間に特有の意識

観　念

この意識は、外部情報を遮断した状態における思惟である。即ち、外界からの生の情報が途絶え、人間に薫習された加工情報のみによる思量であり、一般に思弁といわれる。

ここでは言葉が特に大きな役割を持つ。外部情報から創られる経験概念に代って、主に言葉によって形成される純粋概念が用いられる。純粋概念は、外界の経験により得られる経験概念が言葉を通して束ねられ、組み合わされ、恣意的に創り出されるものである。人間は感覚を通した外部情報から具象性のある外的表象を知覚により取り込んでいる。そして表象は概念と言葉によって抽象化され、脳の多様な機能により認識、記憶、思惟、想像等の作用を受ける。その中で、人間特有に薫習された概念が創り出される。それが純粋概念である。

純粋概念は言葉で形成され、それによる推論、分析、綜合、組合せ、論理展開等の思惟作用、即ち観念作用が可能になる。言葉としては日常の言語、哲学言語、数学言語の他に、時には科学言語が用いられる。この観念の意識を強めて、自然世界に普遍という知を求め、それによって自然世界を抽象化の下に整理しようとしているのである。その中で、他の生物にとって有害な科学技術による人工造成物が種々に造り出されている。

観念作用は、脳の前頭野と言語野の間の思惟ループで試行錯誤に行われる。思惟ループにおけるニューラルネットワークでは、言葉の情報が前頭野で加工され、新たな純粋概念が形成されて言語野で言語化される。ニューラルネットワークにはワーキングメモリが設けられ、情報の一時保管ができる。また、情報加工ではフィードバック制御による情報検証ができる。

自　省

自省のこころは、思惟作用に矛盾が生じている状態であり、種々の意識、知覚、欲望、感情、認識、思惟、想像、観念などの内容について省みる。それが自らを顧みるという自省作用である。矛盾というのは、思惟作用の結論に則して行動した結果が思惟作用の結論と不整合であり調和しないところにある。

自省の意識は、倫理、道徳あるいは宗教心として表われる。さらに、思惟等の思量により創出される人工造成物が自然世界を破壊していく矛盾に直面して、新しい自省の意識が求められている。現在それは本来の人間の意識すなわち「生の意識」あるいは減退している共生の意識について、それらの内容を顧みて明らかにしていくことが肝要である。

人間が持つ煩悩、善悪、疑念、後悔などの意識は、正に自省作用によって触発され生成されて、宗教心に密接している。そのために、自省の意識はキリスト教信者の祈り、あるいは仏教徒の禅定等において顕著に現われる。しかし、この意識は程度にかかわらず全ての人間に備わるものであり、社会的には道徳、格率など行動規範が種々に作られている。これらは自省意識から派生したものであり、慈悲、慚愧、驕慢、劣等など人間特有の感情は自省作用の結果であろう。

(3) 人間の減退した意識

感 受

外部からの刺激情報を認知する適応機構である。人間は、感覚において受容部で察知した刺激情報を、知覚により認知している。この認知は三層構造の脳の人間脳で行われる。しかし、非常時にあっては、刺激情報は動物脳で認知されることがある。これによって情動や共感や本能的といわれる刺激反応を営んでいる。

適応機能で見たように、オジギソウ、シロイヌナズナあるいは食虫植物は明らかな刺激反応を示す。そして、他の植物であっても強弱に差があるものの外部刺激に対する反応がある。さらに、現在の科学では、植物の刺激受容部で察知された感覚情報は、有機化合物からなる情報伝達物質が必要な部位に伝達され、それによって刺激反応することが明らかにされている。例えば植物が近親交配を避けるための自家不和合性と呼ばれる仕組みでは、自己花粉が雌しべの表面に付着すると、それを察知した所定の有機化合物が情報伝達して、自己花粉の精細胞と卵細胞の受精は阻止される。

このように、植物は有機化合物から成る情報伝達物質による生理的適応機構を通して、刺激情報を認知している。それに対して人間の感受は、神経系を介した心理的適応機構と共に、脳内での有機化合物による生理的適応機構が働くことにより生じると思われる。植物のような生理的適応機構は、神経系のない生物の外部情報の認知として共通している。人間では、生理的適応機構のみの認知は、霊長類の尻尾が退化したように、完全になくなっているのかもしれない。

共　生

生物は広義の意味で共に調節し生存して生を絶やさないための適応機構をもっている。それは、同種や異種の生物の間で働き、共存、寄生、競合、食物連鎖などと種々の様相を示す。生物は高分子有機化合物の構造体であり、地球上で偶然に生み出された生命を宿している。自然界では物質に較べて極めて限定された環境下で存続が可能である。そのために、生物は非常に強い自己の生存欲をもっている反面、いざという時には食物連鎖のように自己を犠牲にして他者を生かす利他的な心をもつ。

しかし、人間は、この共生のこころを失いはじめているのではないだろうか。現在の人間はかつての人類と異なり食物連鎖の輪から抜け出し、農耕牧畜生活では栽培や飼育によって必要な食料を獲得するようになった。さらには、科学技術による生命操作や遺伝子操作を通して、自然世界に存在しない生物の人工造成物を作り出すまでになってきている。今後、科学技術が暴走すると、生物界は破滅の危機に晒される。人間は多くの生き物によって生かされている。腸内に棲息する膨大な細菌とは真の共生をしている。人間は共生のこころを人間脳に取り戻さねばならない。

一　体

生物は凝集する作用を創発する。一体意識はこれによって生成するものである。即ち環境世界の他の生物や物質に対する適応の働き／機能が一体意識の根底にある。人類もかつては環境世界との一体意識を強くもっていたと考えられる。旧石器時代の狩猟採集の生活において、人類は自然界に対して無抵抗に生存してきた。生物界では食物連鎖に組み込まれ、物質界では天変地異のような環境変動に支配される中で、環境世界との一体意識が人類の「生の意識」を支えていた。これは、自然界を擬人化するアニミズムや万物の普遍者に神霊を与えるシャーマニズムのような原始宗教が起こってくるまでは、強いものであった。

しかし、新石器時代に伴って生じた農耕牧畜生活が進み、人間社会が大きく拡大し、「知の意識」が強くなってくると、人間の環境世界との一体意識は弱まっていった。

第四章　世界の存在

序論において、世界の中の諸事物すなわち物質と生物等の進化について概説した。そして、前章まで生物と人類の適応機能や意識の進化について考察してきた。本章では、形而上学の究極的課題となっている存在の問題について考究していく。

第一節　存在の形態

1　諸事物の進化の理由

宇宙空間は膨張して冷却し、その中の物質はその変化に従って凝集して多様化する。これは物質の進化であって、科学的な事実である。即ち、約一三八億年前にビッグバンによって熱い宇宙が形成され、物質の基本粒子が生成された。その時の絶対温度は約七千兆度に達していたと推定される。熱い宇宙が断熱膨張し温度冷却していくと、基本粒子であるクォーク等の素粒子は核子等の複合粒子であるハドロンに凝集する。さらに、核子は凝集して百種以上の化学元素を構成することができ、それらの原子が凝集することで無機化合物あるいは有機化合物等の極めて多種にわたる分子や高分子を生成する。これらの原子あるいは分子は、一〇の二二乗個ほどに凝集すると、日常世界で眼に見える物体になる。以上が地球上でみられる物質についての進化の概略である。

次に、物質が進化する充足理由について述べるが、科学的な言語を含んだ表現となる。物質は凝集能と運動能を併せて有しており、その環境が空間膨張し、温度冷却し或いは圧力変化するのに適合するように、環境の中で一方向に変化し多様化するためである。凝集能は、物質間に働く強い力、弱い力、電磁気力、化学結合力、重力等の物理・化学的相互作用によるものであり変容する。

高分子有機化合物という物質から成る生物は、生命進化、細胞進化、系統進化というように、地球の環境変化に従って形質変容し進化する。この生物進化も科学的な事実である。即ち、考古学上あるいは進化生物学上、地球上の生物は約四〇億年前に生存した起源生物を一つの祖先として、環境進化を続け多様化していることが知られている。生物の進化については、第二章一節の生物進化で詳述している通りである。

生物が進化する充足理由は以下のように整理できるであろう。即ち、生物が代謝をし、自己複製という生の機能を発現し、生命を存続させる適応機能を有し、環境変化に適応するように変容できるためである。適応機能とは、環境との間で創発される環作用という生の相互作用によって、生物において発現する特有機能のことである。それらの詳細については、第一章二節に説明している通りである。このような不可逆的で多様化する諸事物の進化は真理をなしている。

2 人間進化の中の環境世界

人間は、図1（七〇頁）に示した生物の系統樹において、二億二五〇〇万年ほど前に出現した哺乳類から少なくとも約五五〇〇万年前の霊長類を経て、二五〇〇万年ほど前の類人猿の出現そしてその類人猿であるチンパンジーとの共通祖先から約七〇〇万年前に分岐し、ホミニンが進化した生物種に他ならない。人間の系統進化にあって、形質に関する情報はＤＮＡに書き込まれ累積されている。但し、現在の人間では、遺伝情報の発現は成体にあって制限されたものになっている。また、個体発生にあっても、ＤＮＡの塩基配列が長い年月の間に部分的に変化するために、系統発生の忠実な反復が起こらなくなっている。しかし、遺伝情報は、変容前のものに追加されていく形でＤＮＡに蓄積されており、生命の根幹の部分は不変のままである。

第二章二節の進化における適応機能で展開しているように、人間は他生物と同様に固有の環境世界を有している。環境世界は人間の進化と共に変容している。以下に論究する存在論では、人間にとっての世界はこの環境世界のことになる。そこで、改めて環境世界について要約して説明しておく。

生物は、生命の特有機能とも言える代謝、自己複製の機能及び適応機能をもっている。代謝と自己複製は、生物の細胞の内部で創発される生命作用等により発現する。これに対して、適応機能は、細胞の内部と外界の間において創発される環作用という生の相互作用によって発現するものである。生物の個体は、開放系の中で存続するために、外部との相互作用を必須なものとするからである。生の相互作用の具体的な媒体については、有機化合物の情報伝達物質や神経系の情報伝達物質があげられる。

生の相互作用によって発現する適応機能は、外部（環境）への働きかけ、外部からの刺激に対する反応および自己変容からなっている。自己変容とは主に生物がもつ遺伝子変容である。

全ての生物は、単細胞生物、多細胞生物それぞれに固有の適応機能を有し、外部に環境世界を創り上げている。そして、それぞれの環境世界は、生物の進化に伴い変化している。人間もヒト固有の適応機能によって環境世界を築き、進化と共に環境世界を変容させてきた。人間の進化の系統樹を遡っていくと、脊椎動物亜門に分類される魚類と同根の古生物が人間の祖先になる。確かに、人間や魚の初期の胚はよく似ており相同性がある。古生物は五億年強以前に起こったカンブリア爆発の時期に誕生したといわれる。両生類に分類される脊椎動物は、約三億六〇〇〇万年前に陸上に進出したとされる。そのため、人間に繋がっていく古生物の環境世界は、二億年近くにわたって地球の海水の中に形成されていたことになる。適応機能は、現生の魚類のように水中における働きあるいは刺激反応であって、環境世界も魚類に近いものであったと思われる。環境世界は、人間の母胎内で胎児の胚が生存しているように、子宮の羊膜に満たされた羊水の世界と基本的に同じである。

その後、陸上に進出していた爬虫類を含む古生物は、地質時代区分の古生代末期から中生代初期の二億五〇〇〇万年頃に九〇%以上が絶滅した。これは、地中のメタンハイドレートの大量気化によって、大気中の酸素濃度が著しく低下したことによるとされる。これは地球史の中で五回以上起こった生物の大量絶滅のうち最大規模とされ、その後に多くの現代型生物群が多様に適応することにより誕生する。その中に気嚢をもち低酸素環境に対応する恐竜、小型の哺乳類等がいた。人間の祖先は、現生のネズミのような哺乳類の中にその生をつなぎ、捕食者を避けるように瓦礫や岩石の隙間を棲処とした。そして、陸上のこのような狭い領域が、おそらく一億年以上の長い期間にわたって、人間の祖先の固有の環境世界となった。

その後、中生代末期の六五五〇万年前頃に起こったとされる隕石落下による地球環境の激変によって、恐竜を含む多くの生物が絶滅した。その中で、人間の祖先は、サル目の霊長類へと進化し、樹上を環境世界にして、棲処に適する形質へと変容していった。そして、両手を発達させる代りに尻尾を退化させていった。それが類人猿でありヒト科に分類される。霊長類が出現したとされる約五五〇〇万年前からチンパンジーとの共通祖先あるいは初期猿人までの少なくとも五千万年間にわたり、樹上が人間の祖先にとっての世界であった。

第二章三節の人類進化の特徴で説明したように、人間の祖先はヒト科の系統樹のヒト族すなわちホミニンとして、猿人、原人、旧人及び新人として進化する。これらのホミニンは新人である人間を除いて全てが化石人類になっている。現生するホモ・サピエンスという新人は、アフリカ大陸におけるホミニンが約七百万年をかけて系統進化したものである。ラミダスという猿人は二足歩行が可能な骨格をし、足の指が物をつかむ構造になっていることから、樹上と地上を棲処にし、それらを世界としていた。そして、アウストラロピテクスになると草原で狩猟採集の生活をし、地上がこの猿人の世界となった。さらに、原人のホモ・ハビリスからホモ・エルガステルやホモ・エレクトスへと繋がる。これらの原人は、アフリカを出て旧大陸の広範囲を棲処にし、動物の肉を食し、石器という生活道具を造り、脳の神経中枢部を発達させた。さらに、旧人のホモ・ハイデルベルゲンシスを経て、約二〇万年前頃にアフリカでホモ・サピエンスが出現することになる。

このホモ・サピエンスこそが、出現から約二〇万年を経て、地球上で人口約八〇億人に達した人間になっている。ホミニンは氷期にあって絶滅の危機を脱し、旺盛な好奇心と発達する意識を武器にして、約七万年前頃から出アフリカを繰り返したのであろう。このような経過を辿って、現在では地球上のほぼ全領域が人間の環境世界になり、地球を一惑星として含む太陽系も人間にとっての世界となってきている。人間の環境世界は、日常生活で見える諸事物により構成される世界から、人間の感覚器官によっては認知できないミクロ世界および巨大宇宙のマクロ世界へと拡張し続けているのである。

3　人間にとっての存在とは

人間は多細胞からなる細胞有機体である。細胞有機体では、個々の細胞の間あるいは複数の細胞により形成される諸器官の間において、有機化合物の情報伝達物質および神経伝達物質を媒体にした統合作用が創発されている。この統合作用によって、各人間は一個体としての閉鎖系にあって有機体としての機能を発揮できる。

他方で、人間は開放系の中で生を存続させるため、個体と外部との間に環作用を創発させる。この生の相互作用は、統合作用から派生する二次的相互作用になっている。生物一般ではこの生の相互作用によって適応機能が適応機構において働くことになる。人間では、個体が心あるいは意識を外部に向けることにより、意識作用が働いて外部の概念を獲得する。

意識は心の様態であって、多くの概念や言葉によって表現され、感覚、知覚、認識、思惟などが挙げられる。さらに、これらの意識には具体的な属性意識が下位意識としてある。感覚意識には視覚、聴覚、嗅覚、味覚、触覚の下位意識がある。しかし、人間は言葉で明示できない意識も有している。ヒトの系統発生の中で、作用の発現が退化あるいは消滅した意識や人間の個体発生において減退する意識がある。これらは人間において通常では顕在意識に上らない。あるものは潜在意識の奥底に深く沈澱している。以下、このような意識を超越論的意識と呼ぶ。

人間にとっての存在とは、ある個物が現前に在るとか、また世界が有るとかいうように、人間の認識という意識の下位意識としてある。存在という概念は人間の意識進化のなかで生まれてきたもので、以下では、ホモ・サピエンスにおいて存在の概念を生じさせる意識について考察していく。

（1）　超越論的存在意識

人間は母体内に発生して、初期の胚が系統発生を繰り返しながら生長する。そして、人間としての形質を備えるようになった胚は、母体と一体となって成長をしていく。胎児は、母親にとって胎盤につながる一種の器官であり、母親の統合作用の下に制御されている。一方で、胎児にとっては、母体は外部の環境に相当して、胎児の環作用を惹起し創発するものである。惹起された生の相互作用によって、胎児の生理的あるいは心理的な適応機構が徐々に形成されて行き、それと共に相応する適応機能が働くようになる。胎児は、母体の羊水の中で六カ月以上のあいだ浮遊しほぼ無重力の状態で、日々の生長を刻み適応機能を変容させている。

その後、母親の臨月を迎えて胎児は出生する。即ち、母体からの肉体的な分離が生じ、肺器官、消化器官等の内臓器官および体細胞における異化作用と同化作用によって、生物としての基本的機能である代謝機能が独自に働くようになる。機能の発現は、初めての肺呼吸に伴うオギャーという絶叫と共に個体に刻み込まれることになる。

胎児の出生において、母体の羊水中から地上への劇的な環境世界の変化は、新しい世界の誕生という記憶を新生児の生理的な適応機構に刻みつけることになる。また、新生児は肉体的に少なくとも二つの極めて強い刺激を記憶する。それは、母体からの産道の通過時の負荷と出生後に感受する重力とである。これらの刺激によって、自身の塊としての空間的な拡がりが抱握（非認識的把握）され、事物の実体を認知する原初的な意識が生まれる。これらは、新生児の出生において生じる新たな身体的な意識であって、脳を含む身体における潜在意識の中に沈殿し、存在という意識に繋がる超越論的意識となる。以下、外界によって創られるこのような経験的な意識について超越論的存在意識と名づける。

超越論的存在意識は、鏡に映る物体、止水に映る月、ホログラフィによる三次元映像、バーチャル・リアリティといわれる仮想現実の世界を存在するとしない。これらには実体が感知されないからである。それでは、素粒子といわれる光子、電子、クォーク、ニュートリノなどからなる高エネルギーの個物は、存在するという意識作用の対象になるのであろうか。これについては、後述するように科学的実体として肯定される。

（２）連合する個別意識

生存の意識

新生児は、存在という意識に繋がる先験的な生存の意識を生じさせる。この意識は全ての生物が備える生理的な適応機構でもある。個体は、母体から分離し独立した生命機能を働かせ始め、開放系の中で、乳幼児期における一個の細胞有機体として、視覚、聴覚、嗅覚、味覚、触覚などの感覚の意識を発達させ、さらに手足など身体の運動機能を高めていく。這い這いの四足歩行は一歳頃に直立二足歩行へ変化し、自己の身体の動きについての自覚および把捉ができるようになる。さらに、主体と客体という分離が引き起こされてくる。

母親から乳離れした幼児になると、開放系にあって、新たな環作用が幼児と外界との間に生じる。そこでは、母体と胎児との関係とは異なる幼児の外部に対する適応機能が働く。それは、幼児の生を懸けた、新たに誕生した個体が先験的にもっている極めて強い生存の意識作用である。これは、起源生物の生を持続させるという、全ての生物がもっている共有心として生じる。そのため、生存意識は存続の意味内容を含み、その意識作用は、個体の生死に無関係となる未来永劫の存在概念を創り出す。

自我の意識

さらにもう一つ、存在という意識に繋がる意識がある。それが核ＤＮＡに刻まれている先験的な自我の意識である。この意識は自己意識ともいわれ、生物の中で人間に特有なものであるとも考えられる。

胎児の個体発生や乳幼児の生長における適応機構の発達は、生理的とされる有機化合物の情報伝達物質を媒体にしている伝達ネットと、心理的とされる神経伝達物質を媒体にする伝達ネットとで起こる。さらには、人間特有の脳神経のニューラルネットワークも形成され、物事の概念化と言葉による抽象化に対応する枠組みが造られるようになる。ニューラルネットワークは、神経伝達物質および一部の情報伝達物質を媒体にした情報伝達・処理システムの中枢部を構成していく。

脳神経の発達により、人間は幼児期になって自我の意識を芽生えさせることになる。それは、乳児が乳離れをして母親との一体分離をした後であって、個人差を入れて一歳半から三歳にかけての時期になる。幼児期に芽生える自我という意識は、他者に対峙する自己を認識することであり、自己という主体の存在認識を生じさせる。また、自我は、他者という客体を認識し、主体の存在と同様に客体の存在も生じさせるのである。

人間のニューラルネットワークは主に大脳と小脳で形成される。上述したように、大脳は人間の進化の痕跡を残しており、古層、旧層および新層の三層構造になっている。概略すると、古層を成す脳幹等の生命脳、生命脳を包み旧層を成す大脳辺縁系や海馬等の動物脳、動物脳を包み新層を成す大脳新皮質等の人間脳、に分類することができる。生命脳は食欲、性欲、睡眠等を司る。動物脳と人間脳は、適応機能の刺激反応を引き起こし、それぞれ動物的反応と知性的反応を司る。

大脳は情報処理の中枢を成し、神経伝達物質による情報と有機化合物による情報伝達物質が人間の身体の各部位から送られる。そして、加工処理された情報は身体の各部位へ伝達され、適応機能である環境への働きかけの制御に用いられる。なお小脳は身体の運動を司り、特に反射的な身体の動作により保身する上で重要になる。このように人間の脳も適応機構を成している。

存在という意識は、個体の誕生において生じる超越論的存在意識が根幹となり、先験的な一体の意識と共に、生存の意識と自我の意識がそれに連合することにより惹き起こされたものである。超越論的存在意識は生理的な遺伝をしない適応機構であって、生存意識により、大脳における生命脳において覚醒される。動物脳と人間脳において、心理的な適応機構である自我の意識により、存在の意識になる。そして、この意識作用から生じる概念が実体の存在という内容となる。

（3）学習を通した存在意識

人間は、核ＤＮＡに書き込まれた遺伝情報に従って成長していく。その中で、経験と学習が行われる。これは高等動物では一般的なことである。幼児期においては、話し言葉が急速に発達する。その中で、大脳の部位である言語野がニューラルネットワークに結合し、自己組織化によって大きく拡張される。そして、様々な概念が言葉で表現され、統語的言語による意志疎通および情報交換ができるようになっていく。ニューラルネットワークにおける情報処理は、多くが言語を介したものになる。言葉というものは物事を抽象化するものであり、情報量を圧縮する。そのため、情報の処理や記憶が容易になり、生長と共に、他生物の中で特異的な高機能の脳を手にすることになった。そして、いわゆる知性的反応をすることができるようになった。

知性的反応の能力は、超越論的存在意識を根幹とした存在という意識に対して、新たな存在という意識に繋がる意識を展開する。これは「知の意識」であり、知あるいは普遍を志向する意識であって、学習を通した経験的なものである。

人間は、成体となって統語的言語を駆使できるようになると、脳のニューラルネットワークにより、存在と名辞された概念を思量するようになる。思量するとは、人間脳において思惟、観念や想像の意識を作用させることである。この意識作用によって、存在についての純粋概念が種々に創り出されている。古代インドのウパニシャッド哲学では無に対する実有であるサットという概念が、古代ギリシャではパルメニデス以前のピュシスという概念が創られている。その後、中世のスコラ哲学による事実存在と本質存在、ヘーゲルによる即自存在、対他存在、対自存在、ハイデガーの現実存在（実存）などの概念が創られてきた。また、存在とは、人間の確信、把握、信念などと言われる意識において生じるものである。しかし、このような存在概念の根幹には、前述の超越論的存在意識を含む複合意識の作用によって生じる存在の概念があると考えられる。

そして、学習による存在の意識は、人間の核ＤＮＡに刻まれることなく遺伝するものとはならない。

人間以外の生物に、存在の意識に相当する心をもつ生物が考えられるであろうか。鏡像自己認知ができるチンパンジー、イルカなどの鯨類、一部の鳥類の中には、そのような適応機構を備える種がいてもよいように思われる。これについては後で再度触れる。

４　世界存在の様相

人類は、適応機構や意識を進化させると共に、その作用で造られる環境世界も変容させてきた。そのために、人類にとっての世界存在は意識進化によって異なった様相を呈してくる。世界存在とは、存在意識が作用することによって、環境世界に存在概念が重なったものである。そしてその様相は、現在約七百万年になるとされている人類史において、極めて多様であったはずである。

ここでは、第二章三節２「人類の主な意識進化」（一二二頁）に合わせて、「生の意識」と「知の意識」の場合について主に論じることにする。意識変容の可能なものとして「悟りの意識」にも触れておく。なお第三章三節３「言語表現された意識」（一八一頁）に述べている人間特有の自省の意識が、悟りの意識を可能にしている。

（１）「生の意識」の場合

「生の意識」とは生を志向する心である。生物が一般的にもっているこの適応機構は、外界の対象と一体となり生存していくためのものであった。そして、その作用である適応機能は、対象の世界に適応するように適応機構で引き起こされるものとなる。さらに、適応機能は生物にとっての環境世界すなわち人類にとっての世界を形成するものでもあった。

ラミダスのような猿人は世界と一体になって生存していた。それは、あたかも人間の胎児が子宮の羊水の中で母体と一体になっている如くである。しかし、世界は汎世界の中であり、ホミニンにとっての母体のような揺り籠ではない。ホミニンの生は容赦なく奪い取られ、汎世界における他の生物の生へ分与されるからである。

ラミダスというホミニンは、木登りに適した手足の形を残し、三五〇ＣＣ程度の脳容量をもっていたとされる。脳容量は現生するゴリラ、オランウータン、チンパンジーよりも小さい。脳の機能は必ずしも容量と強い相関をもつものではないが、ラミダスは世界が存在するという意識を備えていなかったであろう。ラミダスというホミニンには前述した自己の認知は芽生えていなかったと考えられる。現生する高等動物をみると、例えば、脳容量が二五〇ＣＣ程度のライオン、七〇〇CC程度になるウマ、霊長類のサルあるいはタコ等は大脳皮質をもつが、それらの行動は動物的反応の域を越えることがない。ラミダスもこれらの動物と同様であり、存在の意識をもたないままに、ホミニンの認知する世界と一体に生存した。

一体生存の世界は、感覚作用を通して得られる具象世界である。即ち、視覚からくる画像は少ない情報処理のまま、多量の生情報をもって感知される。あたかも、情報はビッグデータの塊が現前しているようなものである。そのため、ホミニンは自身に直接に関係する情報を限定的に認知することとなる。認知の許容範囲外に横たわっている多量の情報は無効なものとなる。かくして、具象世界は時間的、空間的に視野が狭小化され、世界を構成する諸事物あるいは事象は、それらの意味あるいはそれらの間にある関係が希薄なままに放擲される。このような具象世界は、現生する高等動物が有する世界と基本的に同じ様なものであろう。

この世界存在の様相は、人類史において、オロリン属の他にアウストラロピテクス属、パラントロプス属のような猿人ではほぼ同じであった。さらに、ヒト属になるホモ・ハビリス、ホモ・エルガステルおよびホモ・エレクトス等の原人においても、直立二足歩行、肉食化および石器という道具の使用／製作等によって脳容量を増大させているが、世界存在の基本的な様相は余り変わらなかった。

しかし、ホモ・エレクトスは、後期において旧人や新人と併存し、生活利器を改良する中で適応機構を変容させ、認知、思惟や想像における意識進化を示している。この変容は、ホミニンの世界存在の様相に変化をもたらしているはずである。そこで、以下に原人のホモ・エレクトスと共に旧人のネアンデルタール人について考察を加える。

化石人類であるホモ・エレクトスは出アフリカをし旧大陸に広く拡散して、二百万年近くの最長期間にわたって棲息した。このホミニンは握斧というアシュール型石器を創り出し、その後人類に大きな影響を及ぼしている。石器を製造し改良する中で、ホミニンの意識進化は一体の意識を徐々に解凍し一体分離へと進んだ。そして、具象世界に対する認知範囲は、思惟あるいは想像の意識の働きの進化によっても拡張していった。即ち、具象世界における空間的、時間的な視野の範囲が拡大した。認知範囲の拡張は、一体分離が始まった具象世界の客体を鮮明にし、客体がホミニンという主体の認知を強くしていった。ホモ・エレクトスは、二百万年前頃から五万年前頃まで生存した長い期間における進化の中で、適応機構にあって存在の意識を芽生えさせていった。

先に鏡像自己認知できる人間以外の現生動物として、チンパンジー、ボノボ、オランウータン、イルカ、カササギ等が上がった。その中で、海洋に生息するイルカあるいはシャチの仲間は、集団で狩猟をすることから、ホモ・エレクトスほどにはいかないにしても、自己の存在を抱く適応機構を有していることは否定できない。このため、ホモ・エレクトスの世界存在の様相では、その環境世界がイルカの海洋と異なった陸上であり感知の界域も異なっているが、世界を構成する諸事物や事象の意味と、それらの関係とはより濃厚に認知されていたことであろう。

旧人のホモ・ハイデルベルゲンシスやホモ・ネアンデルターレンシスは、現代人以上に達する脳容量をもち、石器をさらに精巧なものとし、量産技術を発展させた。また、これらの旧人は火を制御して生活に利用すると共に死者を埋葬した形跡を残している。さらに、ネアンデルタール人はヨーロッパ、北アフリカ、西アジアなどの広い範囲にムスティエ文化を残している。それは中期旧石器時代の中葉以降とされる。このホミニンは、ある程度の統語的言語を使用することができ、世界の中の諸事物や事象の間にある関係を少しではあるが、抽象化して認識したものと考えられる。また、想像の意識の進化は原始宗教の一つであるシャーマニズムを創造したかもしれない。このように考えると、ネアンデルタール人は自我の意識を具有するように進化し、世界存在の様相は現在の未開の地で生存する未開人種族のものに近くなったのではないだろうか。

（2）「知の意識」の場合

ここでは、ホモ・サピエンスという新人における世界存在の様相について論じる。このホミニンは現在の人間として、唯一のみの現生人類となって生存している。ホモ・サピエンスは中期旧石器時代が始まる二〇万年前頃にアフリカ南部に出現し、約六万年前には大規模な出アフリカを果たし、旧大陸に広く拡散し席巻していったとされる。これによって、東アジアに生存していたホモ・エレクトス、イベリア半島に追いやられ生存していたネアンデルタール人等は絶滅する。このことは、それなりの進化を遂げていたであろう原人や旧人に較べて、ホモ・サピエンスがその適応機構において、より知性的反応を可能にする能力を進化の中で身につけたことを示す。それは動物脳の不安の裏返しである強い好奇心と、相互に協力し合う心とにあると考えられる。そして、前者が「知の意識」に、後者が集団社会の形成に繋がっていった。

ホモ・サピエンス即ち人間は脳神経の発達によりニューラルネットワークを形成するようになり、物事についての概念、自我の意識をもつようになった。そして、七万年前頃には言葉を使うようになったと推定され、人口増大により出アフリカが生じた。その後、このホミニンは新大陸を含め地球上全域に移住するが、後期旧石器時代にはヨーロッパや西アジア等の広い範囲にオーリニャック文化を築いている。それによると、ネアンデルタール人の剥片石器より精巧な多種の細石器の他、骨角器、釣り針、縫い針等多くの生活上の利器、装身具や壁画、彫刻など芸術品と見なせる創作物が残されているのである。これらのことから、四万年前頃の人間の意識は、旧人に較べて遙かに現代人に近い知性的反応を可能にしたといえる。

そして、その後に「知の意識」が徐々に芽生えるようになる。意識は結局は人間にとっての普遍を志向する心になっていく。第二章三節２「人類の主な意識進化」の知の意識（一三六頁参照）でも触れたように、「知の意識」は、人間の脳進化においてニューラルネットワークに言語野が結びつき、言葉がニューラルネットワークでの情報伝達／処理に関わるようになり生じてきた。なお現在の脳科学では、イヌの脳にも人間の言葉に反応する部位のあることが知られており、言語野は自己組織化によって拡張するものと考えられる。そして、感覚、知覚、思惟などの意識は、その作用で生じる概念が言葉により表現されることを通して、抽象化された言語と結びつくことになる。即ち、人間の心で引き起こされた種々の意識作用が、脳神経のネットワークにおいて言葉を付け世界を創り上げる。このようにして、人間の世界存在の様相では、具象世界は言葉によって抽象化された抽象世界へと徐々に変化していくことになる。ネアンデルタール人が生存をしていた三万年前頃では、世界存在の様相はホモ・サピエンスのそれに近いものであったかもしれない。

言葉は、協力し合う心が強いホモ・サピエンスの意志疎通および情報交換に非常に有用であった。そのため、ネアンデルタール人の場合に較べ、言葉はホモ・サピエンスたとえばクロマニヨン人の集団の中で急速に発達したのであろう。彼等は統語的言語を駆使できるようになっていた。これは、氷期から間氷期に入る新石器時代になって、それまでの狩猟採集生活に較べ大きな集団の下で生活する農耕牧畜生活にとって非常に有効になった。

強い人間の好奇心は、世界の諸事物や現象の間にある関係の中に規則性を見出すようになった。それは経験概念を言葉にし、言葉による思惟を通してなされた。そこには想像の意識も働き、世界の中の諸事物や現象の意味が言葉によって与えられていった。このようにして、具象の世界は抽象化され言葉により整理がなされていくのである。抽象世界は人間集団で言葉による情報伝達を通して、共有のものになっていく。これは正に「知の意識」によって生じる世界存在の様相である。世界は、原人あるいは旧人における具象世界に較べて、空間的及び時間的な視野範囲を格段に広いものにした。

新人は、協力心により、集団社会の規模を大きくし、その形態を変容させた。人間の意志疎通および情報伝達手段である言葉は、極めて有効であり最も重要な役割を担うことになる。また、言葉は社会の有り様あるいは進化によって発達し変化もする。「知の意識」における世界存在の様相は、人間の集団社会によって形作られた。「知の意識」は多くの意識の複合したものである。

そして、「知の意識」の進化は特に思惟、観念および想像の意識進化によるが、これらの意識進化は人間の集団社会に基づくものでもある。

このような意識進化によって、人間は感覚的世界、観念的世界、科学的世界と呼ぶことのできる言葉による抽象世界を創り上げてきたといえる。感覚的世界とは、主に感覚作用による経験概念を言葉で認識した経験世界である。観念的世界とは、観念作用による純粋概念を言葉で認識した思弁世界である。科学的世界とは、観測器機を援用した感覚作用、思惟作用および想像作用を介して得られる世界であり、特殊な形態の経験世界といえる。現在の科学では、世界は日常経験する以外にミクロ世界やマクロ世界のような経験される世界を含んでいる（一四九、一五〇頁参照）。

「知の意識」における世界存在の様相は、言葉によって具象世界を抽象化し整理した、抽象世界の存在となる。これらの抽象世界を表わす言葉として、順に日常言語、哲学言語、科学言語あるいは数学言語が主に用いられるようになった。それと共に、濃厚で視野の狭い具象世界に較べて、空間的、時間的な視野は拡大し、逆にその密度は希薄になっている。抽象化による希薄化を補填する想像の意識が進化している。

人間は言葉を発達させそれによる分別を広げ、西洋では普遍を志向してきた。さらに、普遍者の存在や存在の有り方について、概念と言葉が考えられた。また、存在という言葉に対しても種々の概念や別の言葉が当てられた。他方、東洋にあっては、曖昧性が不可避である言葉は戯論になり真理を表わさないとして、極論的には無あるいは空性が志向されてきた。そこで、次に言葉を否定して形成される世界存在の様相についても考察してみる。

（３）「悟りの意識」の場合

悟りの源流は、序論で触れているように、ウパニシャッドの梵我一如の知慧に達することにある。これによって輪廻転生から解脱できるとされた。仏教の哲理であるアビダルマはヴェーダ思想と通底している。仏教心における悟りは、人間の心と世界が合一の境地になることである。種々の仏教宗派がそれぞれの解釈の下に、それに達するための方便を提唱している。

通常、合一の世界は果分不可説といわれ言葉では表現できないといわれる。人間は言葉による分別で薫習されている。そこで、意識において、脳のニューラルネットワークに結びついている言語野の働きを制御し、言葉による分別智を断つことを考えてみる。

第一の例が非我と言われる意識になることである。非我とは、人間脳の知覚、思惟、観念等の意識作用において、言葉に関係する部分が滅せられ、さらに想像作用や記憶作用の中の言葉を媒体とするものが滅せられ、動物脳の情動が人間脳によって制御された状態のことである。非我の心の状態に達する方法としては、結跏趺坐をし眼を少し開いた身体の状態で調身、調息、調心をし、潜在意識において正常な思惟を働かせることが挙げられる。これが止観の瞑想であり禅定といわれるものであろう。

止観によって、非我の意識に無分別智である直観智が生じ、無為あるいは法性の世界といわれる世界存在の様相になる。存在を生じさせる超越論的存在意識を含む複合意識は、悟りのある人間の心で滅することはない。世界は合一の世界であり、自我と一体になっている。例えば華厳宗派の教説にある一切即一、一即一切といわれる無為の世界存在となる。

次に、第二の例として直覚と名辞する場合を挙げる。一面の桜の花を見て、ただ綺麗とのみ感じることがある。また夜道を走車中に、突然に視界に入った人影にビクッとすることがある。これらの反応は一時的なものであって、外界からの刺激に対し感情のみが起こり認知が生じていない。このような刺激反応が生じる心の様態を直覚という。

人間の具体的な感情内容は、喜怒哀楽、恐怖などの情動から人間的感情に至るまで多岐にわたっている。また自己自身の内部を対象にした自省心から出てくる満足、不満などもある。この中で、直覚とは、視覚等の五感やその複合した感覚を介した対象の直接的な感情による、知覚でない覚えである。直覚は、直観が対象を直接に観る認知の意であるのに対し、対象を直接に感じる意になる。

直覚の心の状態を常に保つには、禅の修行である坐禅が有効とされる。坐禅は、前述の禅定が真理の対象をもつ瞑想であるのに対して、対象をもたない無念、無想の瞑想であり、心を清浄にすることができると考えられる。この場合、言葉による分別智は無く、世界は合一の具象世界になる。そして、直覚の心は空の心に変わることができる。

人間の心の或る様態とする意識は、多くの言葉で表現されている。それらの実体は、生理的な適応機構と心理的な適応機構から成り、ニューラルネットワークの連結のようにそれらの結合形態である。この結合形態によって、異なる意識がそれぞれにあるいは複合して発現する。悟りの意識から、心の様態である意識は人間の身心の修行によって変容できるものであることが判る。言葉による思量の意識の断滅、知覚と認識の連動の断滅、感覚と感情の意識の連結による感受という認知等、意識の変容は種々に可能であろう。また逆に、例えば想像、思惟などのある特定の意識のみを活性化し、それのみを拡大していくことも可能であろう。このような意識の変容は、将来の科学技術によっても実現されるようになるかもしれない。

今後も、人類は進化し、意識も進化する。それと共に、無為ではない有為の世界存在の様相も変化していくはずである。人類は地球外の小さな惑星あるいは宇宙空間に生息し、重力の制約を克服できる環境で適応しているであろう。そして、新型人類はニューラルネットワークの進化によって、具象を言葉でもって抽象化することなく、具象の中の条理を認識し理解するようになっていくかもしれない。これも、一つの世界存在の様相である。

5　存在者

世界には、諸事物や事象と、これらの器である宇宙と、そして真空なるものとが含まれている。しかも世界は条理に沿って進化している。このような世界観は、「知の意識」の世界存在の様相になる。事象とは、これらの諸事物間の関係であり、宇宙とは膨張し変化している四次元時空である。真空とは空間に潜む異次元世界のこととして、未生無と名辞される閉じた世界になる。未生無とは、現在は無であるが将来には非無すなわち有になることを意味する。

以下、現在の人間がもつ「知の意識」によって構築された言葉による抽象世界の中の、諸事物という存在者について考察する。

（1）個物という存在者

人間は、現在の感覚的、観念的及び科学的な環境世界において、適応機能または意識作用により諸事物を把握する。諸事物は、人間の等身大スケールであって人間の感覚器官により経験できる日常世界の他に、ミクロ世界やマクロ世界で把捉される。ミクロ世界は極微スケールであり、マクロ世界は巨視スケールであり、共に人間の感覚器官のみでは感知できない科学的世界になる。

生命体

アリストテレスは思弁を駆使する哲学者であると共に、生物を観察し学問上の対象にした生物学の祖ともいわれる。現在の地球上の生物は、既知のもので二百万種程度、未知のものを含めると八七〇〇万種以上になると推定されている。この生物の世界では、前述の5界説による分類がよく行なわれる。その中で、動物界と植物界は、かつてアリストテレスによる生物の二大分別と同様であり、菌界と共に人間の日常世界に属している。

動物界には、人間、犬、鼠などの哺乳類、鳥類、爬虫類、両生類、魚類、昆虫類……と最も多くの種類が生息している。植物界には、桜、柿、杉などの木本類、稲、麦、タンポポ等の草本類、苔類、蘚類、シダ類等の陸上植物が生息する。菌界には、キノコ、カビ、酵母などの真菌が、担子菌類、子のう菌類、地衣類等に分類され生息している。人間は、これらの生物類を構成している多くの個体すなわち個物に対して、人間特有の仕方で働きかけることによって、個物という存在者を把握している。

個物は、人間の感覚器官により把捉できるために、主に五感を通して知覚された形象として認識される。このような意識の作用によって、対象とされた個物の概念が生じ、それが言葉となって個物の属性として伝達される。かつてアリストテレスが唱えた個物のエイドス（形相）というのは、このような感覚的世界における現実態としての個物の属性のことである。

しかし、現在の人間は、科学的世界も併せて創り上げている。即ち、感覚器官の他に観測器機という道具を援用し、個物に対して科学的な働きかけと作用を及ぼすことによって、感覚的世界の場合とは異なった個物という存在者を把捉している。科学的世界では、人間の感覚作用における界域が拡張すると共に、生物の間に潜在している関係あるいは系統が明らかになってきている。そして、これまで述べたように、高分子有機化合物から成っている生物は、長い地球史の中で進化しており、現在のような生物の類あるいは種へと分化し多様化したことが知られるようになってきた。

さらに、科学技術の発展と共に観測器機が高度化することによって、それまで未知であった生物のミクロの構造が徐々に把捉できるようなってきている。そして、動物界、植物界および菌界の生物は、多くの細胞を集積した細胞有機体であり、感覚器官、消化器官等それぞれの機能をもつ器官を統合して生存するものであることが知られるようになった。また、生物の多くの生命機能が細胞の中にある細胞核のＤＮＡによって制御され、その核ＤＮＡに書き込まれる遺伝情報の変容が進化に関わることも明らかになってきている。

そして、５界説による残りの分類である原生生物界と原核生物界にあっても、ミクロ世界に生存する生き物が、図１に示したように種々に分類されている。これらの生物は、一部の藻類等を除き人間の視覚では把捉できない単細胞構造であり、光学顕微鏡、電子顕微鏡のような観測器機を通して経験される存在者である。単細胞生物も進化という関係や系統によって、動物界、植物界や菌界の生物と繋がっている。これら微生物といわれるミクロ世界の生き物は、科学的世界で把捉されるものであり、その属性の多くが科学言語で表現され伝えられる。これも生命構造体をなす個物である。

生命体に分類したウイルス類も高分子有機化合物から成る構造体であり、生物を宿主とする寄生体である。ウイルス類は、一般に細菌のような微生物の百分の一程度と小さく、全生物に寄生し、進化に影響を与えている。その個物の数は細菌の数を遙かに超えると推定される。概算であるが、全宇宙の恒星の数が一〇の二六乗個に対して、細菌の数は一〇の三〇乗個と推定される。

このようなウイルス粒子も高分子の構造物であり、属性は科学言語で表現されている。

物　質

生命体は、全てが高分子有機化合物から成る構造体であって、生の機能を失うと唯の物質となる。通常、物質とは生命や精神に対比して用いられる事物のことである。物質は、人間の環境世界の中で最も身近なものであって、存在や世界の原理と共に、古来より人間の思弁の対象になってきた。現在の物質観では、感覚的世界、観念的世界および科学的世界において認識と理解がなされ、物質は生命体の場合と同様に進化の系統の中で把握できるようになってきている。

ミクロ世界の物体

現在の科学による自然界の認識及び理解では、物質は例えば図3に示すような階層構造をなしており、その下層から上層へ、序論で説明した物質の進化に沿った分類を行なう事ができる。この階層構造の中で、ミクロ世界において把捉され経験される物質は、物質の基本粒子とされる素粒子があり、この素粒子のうちのクォークが複数個凝集した複合粒子、この複合粒子のうちの陽子と中性子の核子からなる原子核を電子が取り巻いて成る原子、複数個の原子が凝集して成る分子、というように系列化される存在者である。

現在の世界にあっては、ほとんどの基本粒子は加速器による荷電粒子の高エネルギー衝突において観測される。しかし、六種類の全クォークは、この高エネルギー状態の中で生成される複合粒子の内部に間接的にしか観測できない。これらのクォークは、複合粒子に閉じ込められたままで、現在の世界に単独で現われることがないからである。人工造成物であるこの複合粒子はハドロンといわれ、現在三百種以上が作られている。その中で、陽子と中性子（核子）を除いた複合粒子は短時間で崩壊し消滅する。そのため、核子を構成するクォーク以外の四種類のクォークは、現在の世界では複合粒子の崩壊と共に瞬時に消滅する。なおこれらの複合粒子が崩壊した後消滅するまでの寿命は、中間子で一〇ナノ秒程度、重粒子で〇・一ナノ秒ほどである。一方、基本粒子の中で核子のクォークは、レプトンである電子と共に安定して存在している。

複合粒子は、そのうちの幾種類かは、宇宙からの高速粒子が地球の大気圏の空気に衝突するこ

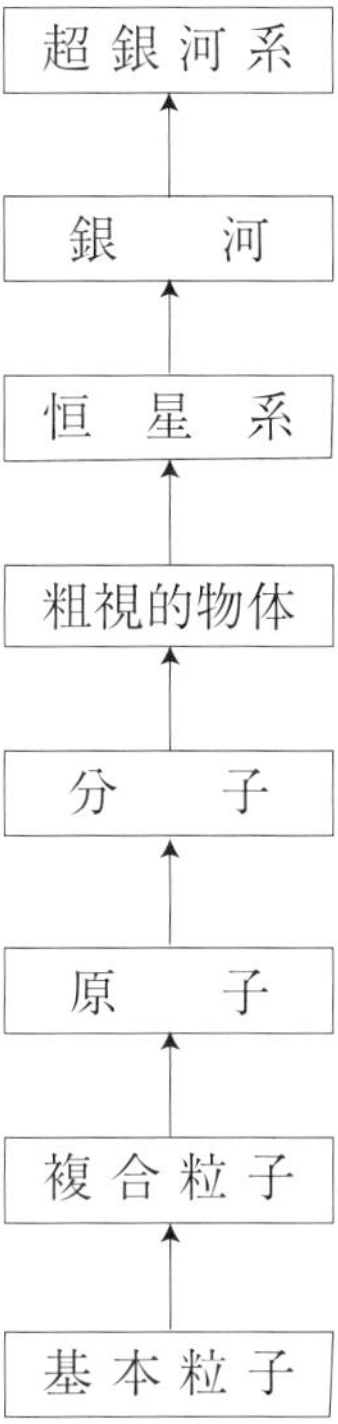

超銀河系
↑
銀　河
↑
恒星系
↑
粗視的物体
↑
分　子
↑
原　子
↑
複合粒子
↑
基本粒子

図3　物質の階層

とによって生成され消滅する。これらは宇宙線という自然造成物として観測される。複合粒子という物質は、大部分がそれぞれの反粒子をもつ。基本粒子にあっては全てが反粒子をもっている。反粒子は対応する粒子と対生成あるいは対消滅する物質になる。そして、これらの個物には、物理的な性質を示す科学言語による属性が付与される。例えば、質量、スピン、電荷、色荷、パリティ、アイソスピン等の物理量である。反粒子は、質量とスピンを除く物理量の正負の属性が粒子と逆になる物質である。

複合粒子は、現在構造のないとされる基本粒子によって構成された構造物である。構造物の描像では、二個あるいは三個のクォークあるいは反クォークによって区画された空間領域を、ゲージ粒子が飛び交っている。さらに、複合粒子が複数個凝集したハドロン分子状態といわれる複合粒子も観測されるようになってきている。このような分子状に凝集した粒子は、あたかも三個を超えるクォーク・反クォークから成るクラスター構造ともされる。今後、より高いエネルギー状態が創り出されると、さらに異種類の複合粒子が現われると考えられる。そして、これらの複合粒子すなわち個物の間にある関係や系統は、その基本粒子であるクォークの性質のさらなる解明に繋がっていく。その中で、クォークという個物の実在が確信されていくことになる。

現在、複合粒子の中で安定し高寿命である例外的な物質が存在する。それが核子である。陽子は半永久的に崩壊しない。中性子は単独では約一五分の寿命で陽子と電子にベータ崩壊するが、原子核の中では安定して存在する。この原子核は、水素原子の原子核以外は複数の核子が凝集した多体系をなし、広義にはハドロン分子状態といえる。多くの原子核は、恒星進化の中で核融合反応を通して生成され、化学元素として百種類以上にのぼっている。そして、重水素、三重水素といわれるように、核子の多体系として陽子の数が同じで中性子の数が異なる同位体元素をなす核種も存在する。これら同位体核種を含む原子核は、多くが自然の造成物であり、自然界の中で崩壊し半減期は同位体元素ほど短い。

現在の世界では、これらの原子核は、核子以外の複合粒子に較べると遙かに長い寿命を有している。原子は、このような原子核とその周りを取り巻く電子との構造物になる。原子核を構成する陽子の数（原子量）と同数の電子が集まって原子の電荷は中性になる。この原子が化学元素であり、原子量を原子番号とする元素周期表に整理されている。現在の自然界には、百種余りの原子が存在し、さらに原子量が同じで原子質量を異にする同位体元素も存在している。現在の科学技術では、〇・一ナノメートルほどの大きさである原子は、走査型トンネル顕微鏡のような観測器機を通して、視覚的にも経験できて存在が把握される。しかし、原子を原子核と電子の構造体として、その形象を直接的に把握することはできない。

分子は、上記の原子が凝集した構造物であり、同種の原子で構成される場合と、異種の原子の化合物になる場合とがある。凝集する原子数により低分子あるいは高分子と呼称される。分子は温度や圧力の条件によって固体、液体、気体の異なる相で存在する。数万個程度の原子が結合する高分子も数多く存在するが、高分子は気体では存在しにくい。生物はタンパク質、脂質のような有機化合物の高分子から成り、これらの高分子は生体高分子ともいわれる。地球上では、生物から分解して形成された有機化合物の分子は千万種以上といわれ、無機化合物なる分子の数六万種より遙かに多くなっている。

日常世界の物体

図3に示した階層構造において、粗視的物体は、日常世界の人間の感覚器官によって知覚できる物質になる。人間は、生物進化の中でホミニンとして誕生して以来のおよそ七百万年の間、その意識進化をしながらも感覚的世界に存在している。感覚的世界における物質としては、木材製の机と椅子、焼き物のコップ、合成樹脂製の置き物、金属製の時計、透明な窓ガラス等の人工造成物が数限りなく存在する。また、郊外に出れば田畑の土壌、小川を流れる水、木枝と川底の小石、そして青い空と眩い太陽等の自然造成物が存在している。現在の人間は、進化させてきた意識作用によって日常の世界にある物体を把握する。

この場合でも、上述した動植物等を認識するのと同じように、これらの粗視的物体に対して多くの属性が言葉によって与えられる。視覚による色形、聴覚による音色、触覚による硬軟、嗅覚による臭いの色相、味覚による味の種類等と多くの属性によって、粗視的物体の個物も分別される。

アリストテレスはこのような属性を個物の現実態であるエイドスとし、個物の可能態であるヒュレーとの結合体が現実存在（者）であるとした。そして、この存在論は、観念世界における諸事物の存在を取り上げたプラトンの観念的な存在論と共に、長い間西洋哲学の底流になってきたといえる。

これに対して、古代インドでは、発展的自然像の伝統に沿って、世界の諸事物の存在形態が思索されている。前述した六師外道の一人であったパクダ・カッチャーヤナという思想家は、諸事物を構成する四大種をそれぞれ微細な集積物として捉え、四大種が分割できるものとした。これは、物質元素を極微なものとする原子論的な考え方であり、極微論ともいわれる。古代インドの原子論は、ウッダーラカ・アールニの微細なサットを底流にもち、新ウパニシャッドの六派哲学へと広く引き継がれている。

ウパニシャッド哲学では、実体としてのサッティヤ（実在）が存在論の主流になっている。梵我一如の思想を徹底させたヴェーダーンタ学派では、前述した万物の根源であるブラフマンのみが実体であり存在者とされた。さらに、ヴァイシェーシカ学派では四大種は実体であり存在者とされ、その性質である属性も存在者とされた。四大種はそれぞれに無数の原子から成り、原子は単純微細な球体をなし異なる性質をもつとされる。

古代インドの存在論では、仏教哲理において諸事物をダルマ（法）とダルミン（有法）に分け、ダルマのみが存在者であるとする考え方がある。それが、小乗仏教の説一切有部のアビダルマ哲学流派である。ダルミンは個物の基体であり、ダルマはその属性、自性あるいは本性といえる。また、ヴァイシェーシカ学派と同様に原子論を唱え、論理学と認識論を徹底させた六派哲学のニャーヤ学派も、言葉で表現される属性のみが存在するという立場をとっている。

このような古代インドにあって、観念的世界における個物の存在を否定するのが、いわゆる空思想である。空の考え方は、紀元前後に起こる大乗仏教の般若経で現われる。そして、紀元後二世紀のナーガールジュナ（龍樹）が論理的な根拠をもって説明した。空思想は、基体も属性も存在せず無自性であって、諸事物の間に縁という関係のみが存在するという空性を説く。ここで、言葉による分別は戯論とされる。

古代ギリシャや西洋における存在論については、序論で述べたので、ここでは、古代インドの観念的世界とプラトンのイデア界にあって、存在の形態が言葉による抽象化によって共通して考え出されることを論ずることにする。この存在の形態が東西の観念的な存在論である。

古代ギリシャの自然哲学者達は、経験世界におけるピュシスの実在を信じた。その中で、ソクラテス以前の思想家であるレウキッポスにより原子論が創設され、その弟子でソクラテスと同時代のデモクリトスにより唯物論的原子論が展開されている。しかし、このような個物の実在論は、言葉による抽象思惟に重きをおくパルメニデス、プラトン等によって異端視された。感覚的世界における見える物体は、一つの個物でなく多の集合をなしている。人間は、脳のネットワークにおいて多の集合を個、種、類のように分類し整理する。ニューラルネットワークに結びつく言語によって、分類された階層は表現される。生物の分類であるリンネ式の階層分類の如きである。言葉による名辞は、個、種、類になるに従いより抽象的になり一般化される。個の名辞は形相、自相などであり、種の名辞は属性であり、類の名辞は自性、普遍が割り当てられるとしよう。なお自相と自性は、それぞれ直接知覚の個物と、思惟が働いた個物の本性とになる。これらの用語は、紀元後四―五世紀のヴァスバンドゥ（世親）が著し玄奘（六〇二―六六四年）が漢訳した『阿毘達磨倶舎論』に出てくる。世親は唯識三十頌を造り、兄のアサンガ（無着）と共に唯識を大成させた人物でもある。

このようにして、感覚的世界より観念的世界を重視し実体を無視していくことによって、古今東西において観念的な存在論が生まれる。序論で触れた普遍者の存在や普遍実在論は、東洋では空思想により、また西洋では唯名論によって否定される。

見える物体という個物について、人間の思弁に基づく存在論の主なものを取り上げた。次に、科学的世界における個物という存在者について述べる。

一センチ立方の見える物体は、無機物質の結晶体のように、一〇の二二乗個ほどの膨大な数の原子が凝集した存在者である。地球上の鉱物は、鉄、珪素、マグネシウム、アルミニウム、カルシウム、酸素のビッグ六元素の他に銅、マンガン、ニッケル等の多くの化学元素あるいはそれらの化合物が凝結したものとされる。また、炭素あるいは窒素の化学元素を含む有機化合物の分子が膨大な数に凝集した有機物から成る見える物体が、多く存在する。地球上の有機化合物は生物の変質あるいは分解を通して生成されたものが多い。動植物は高分子有機化合物からなり、生を宿した粗視的な生命構造体といわれる。

マクロ世界の物体

図3の物質の階層において、マクロ世界になると太陽、地球のような惑星、星間物質が凝集して成る恒星系が存在する。さらに、恒星系が多数個凝集して構造体をなし、天ノ川銀河、アンド

ロメダ銀河等が存在する。そして、超銀河系をなす物質が全宇宙に拡がっている。

マクロ世界の物体は、現在そのほとんどが科学的世界の存在者であって、光速という有限の伝播の速さをもった光、X線、ガンマ線などの電磁波を通して観測される。そのため、宇宙の遠方になるに従い、より過去の物質が現在において把捉されることになる。約一三〇億年前の銀河の姿が現在観測されている。

(2)　普遍者

「知の意識」は言葉によって具象世界を抽象化して整理しようとする。プラトンはそれを徹底させて、言葉を通した物事の普遍化によってそれらの本質からなる世界を真理とした。それは、仏教におけるアビダルマ哲学のダルマと相通じるものがある。そして、この物事の本質あるいは本性が普遍とされ、普遍実在論が古今東西で唱えられてきた。

しかし、これは人間の観念の意識作用による極端に観念的な存在論である。これまで考察してきたように、人間は進化しており、感覚的世界から科学的世界という共に経験世界に属する環境世界を構築している。この現在の経験世界に軸足を移した諸事物の普遍は、これまでの普遍実在論の唱えるものとは異なってくる。それは人間の経験世界の進化を露わにする。

物質における普遍者

物質は、図3に示したような階層構造を成し、最下層の基本粒子から最上層の超銀河系へと拡張した階層で表わされる。上層の物質は下層の物質が複数凝集した構造体であり、凝集した物質の個数あるいは凝集の形態によって、構造体が異なった形相になる。最下層に属する基本粒子は、現在のところ構造をもたないとされている。

基本粒子には、現在にあっても安定して滅することのない二種のクォーク、電子、ニュートリノが含まれる。これらは科学的実体である。しかし、他のクォークとレプトンはエネルギーによって生成されても、その後一瞬で消滅する。そのため、安定的に存続できる物質は、アップクォークとダウンクォークの凝集体である核子、核子の凝集体である原子核、原子核と電子の凝集体である原子、原子の凝集体である分子、分子あるいは原子の凝集体である粗視的物体等となる。このことは、安定して存在する物質は、全てが二種のクォークと電子の凝集体であり、階層が上になるほどそれらの数の増大した構造体である。これは、銀河系などのマクロ世界の階層の物質でも同じである。このことから、安定的に存在する物質において、基本粒子である二種のクォークと電子こそが実在する全物質に共通して内在する普遍者である。

複合粒子には核子以外に三百種以上のハドロンが観測されている。これらの複合粒子は、空間を高エネルギー状態にすることで生成されるが、一瞬にして消滅する。この空間の高エネルギー状態は、マクロ世界では超新星爆発の領域、ブラックホールの周辺や内部で自然に生じていることではあるが、人間の直接的な経験世界にはならない。これは、進化している宇宙にあって、宇宙史の過去に遡った空間の状態に相当している。そのため、これらのハドロンは、過去に存在した有であって、現在ではすでに消滅している。

マクロ世界の宇宙には、恒星の重力軌道の観測から質量をもつ未知の物質の存在が知られている。それが基本粒子のニュートリノの可能性もある。

現在の科学的世界では、物質はエネルギーを本質とする。エネルギーが付加されると全ての物質が生成でき、逆にエネルギーを放出することにより、物質は消滅するからである。このことは、本質と普遍とを区別して、物質の本質をエネルギーであるとし、物質の普遍あるいは普遍者を基本粒子であるとする経験的根拠になる。

生命体における普遍者

生命体は、高分子有機化合物という分子の構造体であり、さらに、構造体に生の機能を具えている。現在、地球上には生物とウイルス粒子がこの生命体に属する。ウイルス粒子は自己複製という生の機能の一部しかもたないため、生物の部類に属さないとされている。

生物は進化しており類縁関係に基づいた系統分類がなされる。進化において、生物の機能である生命の働きは高度化される。即ち、生命機能が高くなっていく（図1参照）。

生物は生命構造体であり、進化を通して階層構造をなしていく。第二章一節の生物進化で詳述したように、起源はゲノムRNAあるいはゲノムDNAという核酸にある。RNAがタンパク質という物質を造り出す。これが生機能の誕生といってよいであろう。そして、簡素な構造体である細胞の中にゲノムDNAを具えた起源生物が生まれた。

その後の生物は、真性細菌、古細菌及び真核生物が生まれてその進化の中で多様化している。これらの生命構造体の主要部である細胞と核DNA（ゲノムDNA）が進化することにより、生物は階層構造をなしている。構造体である細胞は、単細胞の段階において、異なる複数の細胞が凝集し合体することを通して、細胞小器官を増加させ機能を高めた。これは、単細胞の共生の結果である。各細胞小器官はそれぞれのDNAあるいはRNAをもつ。核DNAは合体及びウイルス類がもつRNAあるいはDNAにより、その遺伝情報を変容させた。

単細胞が凝集し、細胞群体や多細胞の生命構造体に高度化し、上位層の生物が生まれた。多細胞の生物は、各細胞間あるいは多細胞からなる器官の間において、情報伝達のために有機化合物から成る情報伝達網あるいは神経伝達網を発達させた。

これらのことから、生命体における普遍者はＲＮＡあるいはＤＮＡという核酸であるといえる。核酸は生体高分子の鋳型であり、ＲＮＡは情報を翻訳して種々のタンパク質を造ると共に情報伝達物質にもなる。ＤＮＡは複製と共にＲＮＡへの転写をする。

そして、生命体の本質は、核ＤＮＡに書き込まれる情報といえるであろう。この情報に基づいて、生物は基本的な特有機能を発現させ、物質にはない生命という属性を表出する。

（3）　進化の中の存在者

人間は、生物のもつ適応機能にある意識作用によって、環境世界の諸事物の存在を把握する。適応機能の対象世界である原世界の万物は進化し、また人間の意識進化に従って、環境世界と共に諸事物という存在者の様相も変わる。しかし、原世界と万物の進化は人間の意識には制約されない。それが人間の環境世界に投影され、環境世界の万物の生成と消滅になって現われる。そこで、これらの世界や万物の進化を真理とし、その中の個物という存在者を考える。

宇宙の中の諸事物は、凝集して変化し種々の構造体へと進化する。現代科学においては、物質から生命体に至る進化には物理進化、化学進化、分子進化、生命進化、細胞進化、系統進化などが挙げられる。

物質の進化は、進化する世界の中で、物質の環境変化に適合するように、物理・化学的であり不可逆性をもって生じる変化である。環境変化は空間膨張、温度あるいはエネルギー変化、圧力変化等である。なおこれらの変化は、宇宙進化、恒星進化、地球進化の中で起こる。

宇宙進化は空間膨張により生じる空間の変質から起こる。ビッグバン以降の空間は断熱膨張によって温度が不可逆的に低下した。これらの空間の変質と温度低下に適合して、物質を形作る基本粒子が生成された。さらに、続く空間膨張に適合して、基本粒子が凝集し複合粒子になった。ここで多種類のハドロンが生成されたが、陽子及び中性子の核子以外は空間膨張に適合することなく崩壊し消滅してしまった。その後、核子と電子が凝集して、水素、ヘリウムあるいはリチウムの化学軽元素が生じ宇宙を満たすことになった。空間の温度とは、空間の中のクォーク、レプトン、ゲージ粒子、反粒子の諸事物のエネルギー状態を示す指標である。そして、空間の変質とは、空間の相の変質のことであり、空間を介した物質間の相互作用を変化させるものである。

さらに、宇宙空間において恒星進化が起こり、核融合等によって核子の凝集が進み、多種類の原子核が生成される。そして、それらの原子核は電子をその周りにまとい、多くの化学元素になった。核子の凝集においても、それらの温度、圧力及び相互作用に適合するように原子核が生成された。以上は物質の物理進化を通して、普遍者である基本粒子が環境に適合しながら、種々の構造体を形成することを示す。

さらに、恒星の周りの惑星進化あるいは地球進化において、多くの化学元素である原子が凝集する。この凝集にあっても、温度、圧力及び相互作用に適合するように多種多様の分子あるいは粗視的物体が形成される。この場合の原子間の相互作用は、主に電子を介するものであって物質の化学結合の要因をなす。このようにして、多種多様の有機化合物及び無機化合物が合成されることになる。これが物質の化学進化である。

そして、地球のような惑星において、有機化合物あるいは無機化合物が凝集することによって、生命を宿した構造体へと進化するのである。物質から生命体への進化が如何にして起こったかは現在のところ不明である。生命体は高分子有機化合物を素材にした構造体である。そこで、例えば地球の海底のある環境に適合するように低分子化合物が凝集し、分子進化することによって、多様な高分子有機化合物が合成されたとも考えられる。その後、高分子有機化合物が凝集した構造体に生の機能が発現した。このことを本書では生命進化としている。なお、生の機能は物質代謝、自己複製、適応機能などである。この生の機能の発現あるいは生の相互作用の創発については、今後の生命科学によって解明されていくものと期待される。

生命構造体は、普遍者である核酸を実体として有し、環境に適応することにより、細胞進化および系統進化を続けている。進化の中で、現生人類は、生の本質である情報を最も高度に扱うことができるようになっている。そして、これまで述べてきたように、人間は意識進化を通して、知性という階層構造の最上位に上り、生物の中で特異的存在者になっている。

現代科学では、実験進化学にみられるように、生物の進化がリアルタイムで観測されるようになってきた。また、ビッグバン宇宙論のような発展的宇宙論の実験的検証が進められ、その傍証となる科学的事実が少しずつではあるが明らかになってきている。それと共に、発展的宇宙の中での物質の進化についても、物質科学と整合した認識及び理解ができるようになり、今後とも人間の好奇心が科学及び技術を進展させるであろう。そして、人間の環境世界と諸事物は客観的なものである原世界へと合一化していくことになろう。

第二節　存在の充足理由

本章の第一節では、人間の環境世界と諸事物は人間にとって如何に存在するかを考察した。その中で、意識進化に基づいて、それらの存在の様相は変容すること、さらに科学を背景にした「知の意識」に基づいて、環境世界あるいは原世界における進化は真理であることが明らかにされた。ここで、原世界とその中の諸事物の進化は、人間の意識進化とは無関係に生じ、人間の環境世界における進化に反映されている。第二節では、現在の人間がもつ「知の意識」に基づいて、進化の特徴である不可逆性を指針として、世界及び諸事物の存在理由すなわち何故それらが存在するのか考察する。

1　世界の存在理由

現在の天体観測によって、空間膨張が科学的事実となり、天体に充満するマイクロ波背景放射の観測が宇宙の断熱膨張の確かな検証となっている。即ち、世界はビッグバンを期に誕生した熱い宇宙から不可逆的な一方向への進化を現在も続けているのである。

物質の本質はエネルギーであることから、物質はエネルギーによって生成される。ビッグバンでは、初めは真空のエネルギーにより多量の光子が生成された。そして、光子はクォーク、レプトン等の基本粒子と反粒子を対生成した。これらの粒子と反粒子は、対生成と対消滅を繰り返しながらビッグバン後の熱い宇宙の空間を飛び交っていたが、光子と同様に質量をもつことがなかった。

しかし、その後の冷却過程において、空間の変質すなわち真空の相転移（高エネルギー密度の相から低エネルギー密度の相に真空状態が変わること）が生じる。相転移は、空間が膨張し逆戻りしない宇宙進化の動因になっていると考える。そして、基本粒子と反粒子は質量を得るようになる。この質量の獲得は、ヒッグス場の凝縮によってヒッグス粒子が生成されたためであると考えられている。ヒッグス粒子は空間中に満たされ、基本粒子および反粒子の移動の抵抗媒体として働くとされる。

一方、科学的な事実として、弱い力を伝えるウィークボソンというゲージ粒子は、弱い相互作用の事象において質量を獲得することが知られている。事象の物理法則は、鏡に映した鏡像が変わってしまうように、空間反転に対して対称にならなくなる。すなわち、空間の対称性の破れにより、質量の獲得がなされている。このことは理論的には前述のヒッグス機構によって説明される。これらのことから、ビッグバン後において生じたであろう空間の対称性の破れが、基本粒子と反粒子に質量を付与することになり、世界の存在の充足理由といえる。なお真空の相転移については、今後のヒッグス粒子に関する詳細な科学的究明の進展により、科学的な経験事実になっていくかもしれない。

２　諸事物の存在理由

現在の世界に存在する諸事物は、基本粒子を普遍者とし、基本粒子が凝集してなる構造体である。質量をもつ基本粒子は熱い宇宙で生まれる。しかし、その生成は反粒子との対生成であって、基本粒子は反粒子と同じ数だけ生成されるはずである。ところが、現在の世界には反粒子が凝集してなる反物質の世界は存在しない。基本粒子からなる物質のみが存在し、物質と反物質の非対称性は明らかになっている。

この非対称性は、熱い宇宙後の断熱膨張による温度低下において起こっているものと考えられる。即ち、温度の低下によって光子量のエネルギー分布が低エネルギー側へと変移する。それに伴い基本粒子のクォークと反クォークの対生成は低下する。そして、粒子と反粒子の対称性の破れによって、クォークと反クォークは熱非平衡状態に陥る。ここで、反クォークの温度はクォークの温度より低くなり、反クォークは崩壊し易くなってその量がクォーク量より少なくなる。さらに温度が低下し対生成が停止した後は、対消滅により反クォークは全消滅し、クォークのみが残る。

現在の世界において、粒子加速器により人工的に造り出した粒子と反粒子に対称性の破れがある。このことは、現代科学では物理法則が時間反転に対称でないことと等価になる。これらのことから、現在の諸事物の普遍者である基本粒子は、粒子と反粒子の対称性の破れによって創られたものである。そして、ビッグバン後の熱い宇宙の時期で生じた時間の対称性の破れが、現在の基本粒子が存在する充足理由といえることになる。

世界の中の諸事物は、二種のクォークという実体を普遍者とし、この普遍者が凝集した構造体である。しかも、凝集は階層を成している。即ち、三個のクォークがグルーオンというゲージ粒子によって凝集する。このグルーオンは強い力でクォークを束縛するからである。このようにして凝集した構造体は陽子と中性子の核子として存在する。さらに、複数個の核子はパイ中間子によって凝集し、多種類の原子核という構造体を形成する。そして、これらの原子核の周りに電子が集まって、いわゆる化学元素という原子を生成する。さらに、これらの電子によって、同種あるいは異種の原子が凝集する。その構造体が分子として存在する。さらに、これらの物質が重力によって凝集し、最終的に宇宙の大規模構造体といわれる超銀河系を形作る。

このように、諸事物の中の物質は、物理・化学的な相互作用によって生成される構造体である。相互作用は、強い相互作用、弱い相互作用、電磁相互作用、重力相互作用の四種の物質の基本的相互作用と派生する物質の二次的相互作用にまとめられる。物質は、これらの相互作用により階層構造に凝集して生成されたものであり、これらの相互作用がその存在理由になっている。

これに対して、諸事物の中の生命体は、生命を宿す生命構造体になっている。即ち、高分子有機化合物という物質が凝集した構造体が生命機能を発現する生命構造体である。ここで、生命体としてウイルス類を除外した生物について考察する。ウイルス類は原核生物が代謝機能を消失して、生物から物質へと退化したものか、あるいは寄生体として進化したものなのか、現在では判断できない。

第一章一節で説明したように、生物は生の相互作用を創発することによって、約四〇億年の長い年月を進化し続けている。生命構造体の普遍者はＲＮＡあるいはＤＮＡの核酸である。その中に、生の本質である情報が書き込まれる。原始地球において、五炭糖、リン酸、塩基から成るヌクレオチドのポリマーである核酸が、海底にあるマグマの噴火孔に近い領域で、分子進化により形成されたのであろう。そして、この核酸が、原始の細胞の核として生体高分子の鋳型の機能を持つことになるのである。

第二章一節の生物進化において説明した原始細胞の生成は一つの考え方であり経験事実とは言えない。しかし、物質が分子進化し種々の高分子が形成され、これらの高分子が凝集した後に生命進化したことは確実である。そこで、物質の進化が階層を成す凝集によっていることを階層的凝集モデルとし、生物進化もこのような凝集モデルに沿って考える。

原始地球の海底に、複数の高分子有機化合物のフラグメント（断片）が凝集し構造体を形成する。ここで、擬タンパク質の膜によって外界と仕切られた構造体内は、海洋の塩水を主成分としアミノ酸、低分子有機化合物を含む溶液で満たされ、溶液中に核酸が浮遊していた。そして、原始海洋の高温・高圧環境の中で、これらの構成要素は、少なくとも三要素以上の間の物理・化学的相互作用を複合的に、激しい熱運動の中で行なったのであろう。その中で、RNAが鋳型となって、低分子有機化合物からタンパク質のような高分子有機化合物の合成が生じた。それが生命作用の創発である。この生の相互作用によって、高分子から成る物質としての構造体は、物質代謝という生機能を発現するようになり、生命構造体になっていった。これが生命進化である。そして、この生命作用こそが生命構造体としての生物存在の充足理由といえる。

この生命構造体は、細胞進化によって生機能を高めてきた。その第一は、複数の細胞が凝集し合体することで、合体した一つの細胞に異なる細胞の機能を集約する進化である。これは細胞内共生といわれる。そこでは、異なる細胞のそれぞれのオルガネラ及び核DNAの間の調節が必須になる。この調節作用が細胞を進化させた。そして、細胞進化の第二は、多細胞生物の誕生である多数の同じ細胞が凝集し多細胞化することである。ここで多細胞からなる個体は、異なる機能をもつ複数の器官という部位をもつようになる。諸器官は細胞分裂で生成され分化したものである。この場合も、諸器官の間の調節が必要である。これが統合作用という生の相互作用である。このような調節作用及び統合作用という生の相互作用は、細胞進化をもたらし、上層の生命構造体を生み出す大きな動因になっている。これらの生の基本的相互作用が、多様で階層をなす生物の存在理由である。

前述の生の相互作用は生命構造体の内部における構成要素の間で創発される。生物は、構造体の外界すなわち環境世界との間で、環作用の創発により適応機能を発現し、環境進化を繰り返している。生命構造体は自ら変容し生存して生機能を高めている。環作用は多細胞生物にあっては統合作用の二次的相互作用とみなすことができ、系統進化の大きな動因なのである。

終　章

哲学は、ソクラテスの愛知にみられるように、問いに問いを重ねて物事の普遍あるいは本質に迫ろうとするものである。それは、思弁でもって人間自身に働きかけることに限らないことであって、「知の意識」によるものである。

第一節　科学により拡張する経験世界

人間は、イタリア・ルネサンス後に起こった科学革命以来、観測器機を用いることにより、人間の本来もっている感覚的世界とは異なる世界を切り拓いてきている。それが科学的世界という経験世界になる。

1 日常世界

見える物体を対象とする日常世界では、物質の熱的現象、化学的現象および電磁的現象の三分野で大きく拡張した。それは一八―一九世紀にかけて主にヨーロッパにおいて起こった。この科学の知による世界は、一般に実験による物質の現象において見出される、諸事物間の関係あるいは規則性である。人間は、これらの規則性を利用して種々の科学技術を創り出し、新たな道具をこの世界に造り出してきた。このような科学的世界において、物質が原子から成ると提唱されてきた哲学の知は初めて検証されることとなった。古代ギリシャのアテナイで異端視された原子論は、一七世紀にはガッサンディ（一五九二―一六五五年）により復活され、ボイル（一六二七―九一年）、ラヴォアジエ（一七四三―九四年）等の科学現象論的な粒子の概念へと繋がった。そして、一九世紀半ば頃にはメンデレーエフ（一八三四―一九〇七年）によって、六〇余りの原子が元素周期表に並べられるようになるのである。

一九世紀の後半にかけて深化した電磁現象の認識および理解は、科学の知において二つの大きなパラダイム転換を引き起こす事になる。即ち、人間の最も身近に経験される光学現象が電磁現象として統一され理解されるようになるが、電磁波としての光の新たな現象が旧来の世界観の転換を迫るのである。

2　ミクロ世界

電磁現象の実験的・理論的な解明は、派生する科学技術により高性能な観測器機を創り出した。観測器機を用いた人間の自然への働きかけによって、ミクロ世界が大きな対象世界となった。それは一九世紀末から二〇世紀にかけてのほぼ百年間にわたっている。初め、トムソン（一八五六―一九四〇年）によって粒子である電子が発見され、次いで波であるはずの光が粒子として振舞うことが見出される。そして、ボーアの原子模型が一〇のマイナス八乗センチの寸法の原子の構造として提示される。なお現代の科学技術では、走査型トンネル顕微鏡等の観測器機によって、原子の外観は観測でき科学的に経験できるまでになっている。さらに、加速器によって荷電粒子を原子に衝突させることによって、原子を構成する原子核の構造が明らかにされ、物質を形成する素粒子が標準理論として整理されている。

しかし、このようなミクロ世界の経験において、旧来の日常世界の経験から培った世界観が全く通用しないことを思い知らされるのである。旧来の世界観とは、デカルトの機械論的世界観あるいはニュートンの機械論的決定論に基づくものである。そして、このミクロ世界では、旧世界観のパラダイム転換が必須になっている。

3　マクロ世界

ニュートン的世界観に対するパラダイム転換の他の一つがアインシュタインによって二〇世紀の初頭に提起された相対性理論である。この理論は特殊相対性理論と一般相対性理論からなる。前者は、物質が光の速度に近づくような高速の世界の現象を認識及び理解する上で有効になる。加速器によって荷電粒子を高速にする場合がよく知られている。そして、後者は、宇宙のようなマクロ世界を認識及び理解する上で有用になることが明らかになってきている。即ち、アインシュタインの世界観は、ニュートン的世界観が有用であった日常世界とは異なる経験世界を大きく拡張させている。

4　今後の経験世界

二〇世紀に入ってから今日までの百年強の間の物質科学は、ミクロ世界とマクロ世界を経験世界として大幅に拡張した。そして、それによって派生する科学技術は物質操作を容易にし、多くの人工造成物を創り出している。高性能化あるいは高機能化される観測器機は、これらの世界における未経験領域を暴き出し、世界の認識及び理解を深めて行くことになる。

また、二〇世紀中頃から急激に進展した生命科学は、生命体の分子レベルでの実体論的理解を可能してきた。そして、科学技術は生命操作を可能し、自然造成物と異なる人工の生命体を造り出せるまでになってきている。さらに、脳科学は、人間の脳の部位の働き及び脳神経のネットワークを明らかにしようとしている。現在、人工知能は一部で人間を凌駕するまでになっている。今後二一世紀末にかけて、生命科学は生命体の理解を深化させていくと思われる。そして、心の科学的実体も徐々に明らかからにされる事になる。その上で生命の本質論的把握がなされていく。また、意識の特性あるいは歪みが暴き出され、これまでと異なる環境世界が現われることになるかもしれない。

第二節　科学を取り込む哲学

現在、科学という言葉は理系及び文系の広い学問分野で用いられているが、本書では最狭義の自然科学のことである。即ち、アリストテレスが第二哲学とした自然学あるいは自然哲学を源流とするものである。後世において言われる科学革命は、古代ギリシャ以来の宇宙論である自然哲学で起こっている。この革命にあって最後の立役者となるニュートンは、自然科学の金字塔といわれるニュートン力学を、自然哲学と付された標題の著書プリンキピアで出版している。

カントは、奇しくもプリンキピア初版の百年後に、超越論哲学である著書『純粋理性批判』第二版を世に出すが、このカント超越論哲学はニュートン力学の哲学的基礎づけから出発しているとされる。確かにカントは第二版の前年に『自然科学の形而上学的原理』を出版している。それは、第二版の六年前になる第一版の序文において、標題「自然の形而上学」として予告されており、早くから思索されたものであることがわかる。しかし、その基礎づけは厳密には達成できていないと考えられる。

かつて、アリストテレスは自然学から得た概念のエンテレケイア（現実態）及びデュナミス（可能態）をさらに抽象化することにより、エイドス（形相）とヒュレー（質料）の結合体として個物を定式化した。カントも同様の方法により、ニュートン力学の哲学的基礎づけを行なおうとしたのであろう。即ち、動力学であるニュートン力学における時空、運動、力、慣性のような概念を抽象化した上位概念あるいは旧い概念によって、形而上学的に説明しようとした。しかし、この動力学の運動に関連した概念は、基本的にガリレオの地上界での実験によって、自然に対する考えを検証して得られた新しい経験から抽出されたものであった。そのため、カントはこの自然学の形而上学的な把握ができなかったのである。ニュートン力学の力概念を定める「運動の第二法則」は、ニュートン力学の中核になるが、カントにおける力の概念は、物体に内在する「活力」とされ、その活力が運動を惹起するとされている。慣性の概念もこの活力を原因として創られる。そして、結局のところ、この新しい経験概念は、旧い経験基盤をもつ純粋概念によっては整合的に矛盾のない説明をすることができなかった。

そこで、カントはコペルニクス的転回により、物体の運動する器である空間と時間を、外界ではなく人間の側にある純粋直観に据え、外界を知覚する感性の形式であるとした。このようにして、カントは批判哲学ともいわれる超越論的観念論を探求し続けることになる。それは人間側の認識分析論であり、物自体の不可知性にみられるように、人間の対象世界の実在論から離反するものである。

1　科学の窓

自然科学は経験科学といわれるように、人間が対象世界に働きかけることによって得られる経験知を体系化したものである。それは、あたかも外枠が固定された窓ガラスからなる「科学の窓」を通した世界を示す。その外枠によって、科学の対象となる外界の領域が決められる。そして、その窓ガラスによって、外界の透明度と視界が異なったものとなっている。この窓ガラスは色付きであり、またレンズのように肉厚の異なる形状をなす。視界は認識できる領域の広さと奥行きである。この窓ガラスが世界の一つの理である条理を為すのである。

（1）日常世界の科学窓

ニュートン力学による科学窓では、当時の経験法則として、運動三法則は窓ガラスの形状に相当し、仮定されている力の遠隔作用、絶対空間及び絶対時間がガラスの色付きをなすといえる。運動三法則では、第一法則が慣性の法則、第二法則が物体の運動速度の変化を力の尺度に定めるものである。そして、第三法則が作用・反作用の経験則になっている。ニュートンの力学形成に大きく影響したデカルトは、力の伝達がなされる二物体の衝突における運動量保存の法則を提唱している。そのことから、上述したようにカントは物体に内在する活力という概念を創り出したのであろう。しかし、ニュートンはガリレオの実験から得た経験知である、斜面に沿う金属球の転がる距離が時間の二乗に比例するという事から、運動加速を力の尺度としたものと考えられる。そして、それを運動方程式として数式に表現した。また、ケプラーの法則となる惑星の楕円運動はいわゆる万有引力によって説明できることを、微分積分の数学でなくユークリッド幾何学で示した。

ニュートン力学は、電磁気学と共に日常世界を認識および理解する上で重要になる物質に関する基礎科学とされている。自然科学にはその他に数多くの応用科学が創られているが、以下にはマクロ世界とミクロ世界でそれぞれ基礎科学とされるアインシュタインの相対性理論による科学窓、量子力学による科学窓について触れる。そして、生命現象の窓について述べることにする。

（2） マクロ世界の科学窓

ニュートンが絶対空間の実在を唱える絶対説を仮定したのに対して、アインシュタインは空間の相対説を仮定したといえる。それは、ライプニッツの空間についての考え方（関係説）の流れに沿い、相対性原理及び重力の近接作用を科学窓の色付きにしている。ニュートンは、絶対説によって、運動からの見かけの力である慣性力と実在の力の万有引力とを区別しようとしたのに対して、アインシュタインはそれらの区分を取り払って同等と考えた。そして、不変の光速を公理として、近接作用は光速で伝播するものと仮定している。

そして、物体の慣性質量と重力質量とに差異が見出されない経験事実をもとに、加速系を慣性系と見なすことができるという等価原理は、物理法則の数式を導出する指導原理にされる。さらに、その数式は、慣性系を含む任意の座標で同じになるとした一般相対性原理の仮定の下に導き出される。それがアインシュタイン方程式であり、時空の曲がり方と物質の質量・エネルギーの関係を示す重力場の方程式になる。重力の中での物質の運動方程式がいわゆる測地線方程式である。

この相対性理論の科学窓では、物理法則はニュートン力学による科学窓の場合の経験法則と異なり、思考実験と数学上の仮定を多く取り入れた数学モデルが立てられ数式化されている。そして、それが科学窓の窓ガラスの形状をなしている。特殊相対性原理、一般相対性原理、リーマン時空の最短経路の運動方程式などの仮定が挙げられる。しかし、それらの仮定の下に導出された物理法則は、多くの自然現象を予測し、新しい観測という経験によって実証されている。

アインシュタインの重力理論は、特殊相対性理論と共に、世界の器である時空の概念を大きく変える。それは、絶対的なものから相対的なものへ、固定した器から物理的事象に依存した器となった。時空の概念は、飽くまで導出された数学モデルから得られるものであり、日常の感覚的世界の経験から得られるものではない。感覚経験から得られる空間と時間の概念は、それぞれ三次元ユークリッド空間であり、世界で一様に流れる刻の間隔である。しかし、人間が宇宙に進出し、空間を横切る速度が光速に近くなって、人間の体内時計も変化してくると、時空の概念は相対性理論に沿ったものになるのかもしれない。

（3）ミクロ世界の科学窓

次の量子力学による科学窓は、分子や原子等のミクロ世界を対象に開かれている。ミクロ世界では、地球上において、重力は他の力である電磁気力、弱い力、強い力に較べて遥かに小さい。

このため、空間及び時間は現在のところ、重力の影響のない三次元の空間と一次元の時間とが日常世界から、連続して繋がった形態になっているものとされる。即ち、ニュートン力学あるいは特殊相対論力学の時空概念が微小領域まで延長され、その微分積分が可能で意味あるものと考えられる。これが科学窓のガラスの色付きをなしている。

この科学窓は、電磁波である光がエネルギー量子からなるというプランクの発見、光を粒子すなわち光子としたアインシュタインによる光電効果の解明などを契機にして、ミクロ世界に向けて設けられることになった。そして、経験事実である原子の発光スペクトルを説明できる理論が模索される。その中で、ボーアの原子模型が提示され、原子の中の電子の運動方程式が種々に検討された。その一つがハイゼンベルクによるマトリックス（行列）力学である。これは従来の電子の粒子像に立つものであったが、その一年後、シュレディンガーによる波動力学が提示されることになる。これは、電子の波動像に立つもので、特殊相対性理論と光量子の関係からド・ブロイによって予想され、シュレディンガー方程式として結実したものである。その一年後、電子の波動性は、ニッケル単結晶板に電子線を照射する実験で検証される。さらに、特殊相対性原理を満たす波動力学として、ディラック（一九〇二—八四年）によりディラック方程式が提唱される。これは反粒子を予想することになり、その後に実証される。なお、この方程式では、電子の量子状態は４つの波動関数を成分にもつスピノール量により表わされる。

量子力学は、多くの人間の頭脳を集積して創り上げられた数学モデルであり、科学窓のガラスの形状をなす。この科学窓の開設では、初めは前期量子力学といわれる手法がとられ、粒子の運動は連続的であって、その経路は微積分の対象になり決定できるとされた。但し、ここで可能な経路はある量子条件を設けることで制限されるものとした。これに対して、電子の運動方程式では、その物理量は行列あるいは微分など数学上の作用素（演算子）とみなされる。そして、一般に量子論における運動方程式は、古典力学とされるニュートンあるいはアインシュタインが提唱した力学の場合と異なり、非決定論的あるいは非因果的なものになってくるのである。

この量子力学の科学窓では、物質は全て不可弁別性をもち区別することができない。このことは、日常世界において、多数粒子集団で構成される熱力学系の現象にも現われる。また、物質は粒子性と波動性の二重性をもっている。このミクロ世界の科学的な経験事実あるいは量子力学の数学モデルから引き出される概念は、従来の論理的思考あるいは思惟に不可欠とされた根本原理である同一律、排中律、充足理由律又は因果律、矛盾律のうち、同一律、排中律及び因果律を逸脱するものになってくる。そのため、粒状の空間あるいは三次元に余剰次元を含む空間など、科学窓のガラスの新たな色付きが必要なのかもしれない。または、不可弁別性を基盤とする新たな数学モデルが求められているのかもしれない。

（4） 生物世界の科学窓

最後に生命現象の窓では、人類史に深く根を下ろしていた霊魂の概念から脱し、一七世紀になってデカルトの提唱した機械論が土台になっている。そして、ダーウィンの進化論による生物の現象論的理解を経て、二〇世紀の中葉から生体を分子レベルで分析・総合化し、実体論的理解の努力が進められている。ニュートンにより体系化された力学を物質における科学革命とするならば、その二五〇年余り後のワトソンとクリックによるＤＮＡの二重らせんモデルは、生体における科学革命の始まりになった。現在は、生体の機械論が科学窓のガラスの色付きとなり、いわゆる還元手法によって、生物の機能に関し科学による知が積み上げられている段階である。

生命現象において、情報伝達や情報処理に関係する認知、判断などの分野は、人工知能の進展にみられるように、数学モデルによる把握をさらに発展させるであろう。しかし、三種の科学窓の窓ガラスが為す微積分という数学概念により、生命現象全般を認識及び理解することはないのかも知れない。生命体は高分子有機化合物から成る生命構造体であり種々の生命機能を有している。その基本的機能は代謝機能、自己複製機能および適応機能である。このような生命現象がどのように発現されるのか、分子レベルの実体論的な究明が進められている。ここで、生命機能における規則性あるいは法則は、かつての生気論ではなく創発性の観点から探求されている。創発性とは、物質科学の場合と同様に非モナド的なことである。物理・化学の法則はこの立場の最たるものになる。現在の生命現象の窓ガラス形状はこの創発性の観点が相当する。但し、生命の本質論的理解が、今後、百年後になされるなら、この科学の窓は、量子力学の場合と同じように現在とは異なったものになるであろう。

本書で展開してきたように、人間は生物の特有機能である適応機能から派生している意識作用により、原世界から環境世界を構築している。原世界は、意識作用が対象とする世界である。そして、人間の意識進化に伴って、世界の輪郭と細部が正確になっていく。人間は進化することによって、環境世界の様相を原世界へと近づけられる。

人間は、感覚的世界、観念的世界および科学的世界の描像を環境世界にもつ。その中で、近年の百年は物質科学及び生命科学と派生する科学技術を急激に発展させてきた。これによって、人間が経験する世界は、ミクロ世界、日常世界およびマクロ世界において大きく拡張した。さらに、人間も含む生命に関する世界では、個物である生体の実体論的理解が始まり、最近の生命操作の急速な展開は危機感を与える程になっている。

2　人間の知の融合

人間は、「知の意識」によって物事の本質あるいは普遍を求める。しかし、基礎科学を形而上学的に基礎づけることは、カントによるニュートン力学の哲学的基礎づけの事例でもみられたように、極めて困難なことであろう。主原因としては、科学の窓ガラスの形状をなす数学モデルが上げられる。生命現象の科学以外の基礎科学では、解析学の数学言語を用いた数学モデルによって、科学的世界が表現され、部分的理の条理が創られる。従来の数学モデルは、環境世界を局部的に表現するものに過ぎない。これに対して形而上学は、観念的世界の描像にみられるように、環境世界を全体的に哲学言語によって表現しようとする。このため、数学言語により示される純粋概念が、哲学言語によって精確に表現し難くなるからである。

科学の知は経験の知に属し、環境世界の経験事実と矛盾するものであってはならない。これに対し、形而上学の知は思弁の知に属しており、人間に薫習された純粋概念により構成され、経験事実から遊離したものになり易いのである。科学的世界の拡張と共に、経験事実は増大し、現在の基礎科学においては四種の科学窓が環境世界に向けて開設されている。哲学によって、ミクロ世界、日常世界およびマクロ世界から成る環境世界を一体的に描写できるためには、カントの場合と違って、科学の知を大幅に取り込むことが必要になるであろう。

（1）科学と思弁の融合

以下に、哲学に科学の知を取り込む方法について考察する。科学や科学技術を通して得られる経験事実は、基礎科学あるいは応用科学を問うことなく哲学中に取り込まれて、新たな純粋概念を創り出す素材とならなければならない、この経験事実は、ミクロ世界、日常世界およびマクロ世界における諸事物と、諸事物間の関係や諸事象であり、科学の知である。但し、科学の窓ガラスの形状をなす数学モデルは哲学に取り込むことができない。なぜなら、それは多様体構造の世界を局部的に数学言語で表現するものであって、人間の意識進化と共に変遷していくからである。即ち、人間は新しい人工造成物である観測器機を用いて環境世界に働きかけ、今後とも新たな科学の知を得ることになるが、それに伴って数学モデルは新たなものに変わるのである。

科学の知は、人間の進化で拡張する経験概念であり、思弁の知の素材を提供する。経験概念は人間のニューラルネットワークの中で哲学言語により抽象化され、問いに問いを重ねて新たな純粋概念が創り出される。そして、階層構造をなす純粋概念の集合体に、新たな科学知に基づく純粋概念が組み込まれ、思弁の知は経験事実に根差した全体的理である世界の真理へと達する。人間の環境世界の様相は、人間の意識進化と共に変質し、科学的世界ではその世界の条理や真理も変容する。この変容する真理は発展的真理である。それは、人間の環境世界がその進化により原世界へと近接していく中で、核心を不変にしその表相を変える真理である。進化は発展的真理になる。他方、条理は、多様体構造の世界を表現する部分的理であるが、人間の意識進化による変容によって全体的理すなわち真理へと繋がっていく。

そこで、科学の知を取り込む際の原則を示しておく。指導原理の第一は、科学的世界を統一的に把握できる事である。第二は科学窓の間で無矛盾になることである。そして、第三は物事の充足理由を可能にする事である。

次に、哲学への科学の取り込みについての具体例を示す。ここで、従来の日常世界の経験概念に基づく場合が旧来の形而上学である。現在の人間の環境世界は、ミクロ世界、日常世界およびマクロ世界から成る。そして、ミクロ世界は科学により展開され、その多くが科学知から成っている。物質は階層構造をなし、不可弁別性をもって波動像と粒子像の二重性を示す。これらは経験事実であり、哲学言語に取り込まれる。これに対して、量子力学による科学窓のガラス形状となる数学モデル、その数学言語から生じてくる純粋概念は、現状にあっては哲学に取り込むことができない。それは、日常世界およびマクロ世界との間に矛盾をもつからである。即ち、第一と第二の指導原理が充たされない。

マクロ世界でも、多くの経験知あるいは科学知が科学によって得られ蓄積されてきている。相対性理論による科学窓は、窓ガラス形状の数学モデルによって、未知の自然現象を予測し、科学技術による実証を促してきた。宇宙の空間は加速して膨張している。さらに、宇宙初期のビッグバンが宇宙マイクロ波背景放射として観測される。これらはマクロ世界の経験事実になっており、哲学に取り込むことができる。しかし、相対性理論の数学モデルは宇宙を一義的に示すものでなく、第一と第三の哲学的指導原理を満たすものではない。そのため、実証された自然現象の予測を除き、数学モデルの中の純粋概念は現段階では哲学に取り込むことができない。

生命現象の科学窓では、ＤＮＡの二重らせん構造の発見以来七〇年弱の間、生命構造体に関する分子レベルの科学知は急激に増大している。現在のところ、これらの科学知は経験事実として哲学に取り込める。

(2)　今後の哲学

現在、新しい経験事実は、主に科学技術による道具を介して得られる。それが科学の知になる。形而上学あるいは今後の哲学は、経験概念あるいは純粋概念を概念集合体に積極的に取り込むと共に、科学の基盤すなわち科学窓の形態に懐疑を加えなければならない。一般に科学の知は、その検証性、因果関係の明証性等の科学的基準の制限下で得られる。ここで、最も重要となる科学の検証性とは、所定の科学技術の手段により誰でも経験事実を確認できることである。しかし、科学実験あるいは観測の結果は、道具等の手段の高度化によっては経験事実にズレを引き起こす。そして、その実証経験は異なる法則につながることになる。そのため、哲学はこれらの科学の知を充分に吟味することが求められる。また、上述した科学窓の窓ガラスの色付きおよび形状についても問いを重ねる必要がある。その上で、取り込んだ科学の知に対し思弁を通した純粋概念が創られ、さらに階層構造の新たな概念集合体が形成できることになる。かくして、哲学は世界における原理、真理など統一的な理である全体的理を新たに創り出せる。あるいは、生命体に特有となる生の機能に関係し潜んでいる条理について、新たな視点が得られる。

本書で展開した存在論は、このような科学を取り込んだ新たな哲学の試論である。ここでは、現在の物質科学、生命科学、進化生物学、考古学などの科学の知が取り込められ、人間の「知の意識」により、存在論の新しい枠組みが提起されている。そして、普遍は実体という存在者であり、本質とはその普遍に内属する本性となる。

今後、人間の環境世界はさらに拡張していく。宇宙に広く有るダークマター及びダークエネルギーという物質の正体が明らかになる。あるいは、標準理論にない超対称性粒子のような新物質が観測されるようになるかもしれない。さらに、人間は新たな科学の窓を設けていくことになる。現在においては、ミクロ世界、日常世界およびマクロ世界に開かれた科学窓の間に、乗り越えることができない矛盾が残存しているからである。例えば、相対性理論の重力理論と量子力学の間では、それらの条理は相容れない関係になっている。そこで、現在の宇宙観測に係るブラックホールまたはビッグバンの初期をも説明できる新たな数学モデルである量子重力理論が種々に検討されている。このように相矛盾するところを解消するため、新しい科学窓の開設は必須になるのである。また、生命科学においては、生の機能の解明が進むことにより、生の心に関係して、人文科学あるいは社会科学と融合する科学窓が開設されることになる。哲学は、科学的基準の吟味を通して、新科学窓の開設に大いに貢献することができる。この繰り返しによって、人間は、環境世界を原世界へと近づけて行き得るのである。そして、今後の人類が達する究極の環境世界こそが、原世界としての客観の世界といえるものとなる。

あとがき

生業の時間が不要になってから、一〇年近くの歳月が流れる。その間、高校を卒業した頃にデカルトの著書『省察』を手にし、強い衝撃を受けた哲学の思索に多くの時間が費やされている。その中で、仏教哲理を含むインド東洋思想を自分なりに体系的に整理できたことは、それまで一辺倒であった西洋思想を新たに見直すよい契機になった。また、西洋思想を土台にして築き上げられている自然科学をもう一度見直すことにもなった。

古代インドでは、西暦四、五世紀の頃に弥勒を祖師とし、無着・世親の兄弟によって大成された唯識思想は、西洋思想にない認識論を展開し、全てが人間の心のあらわれであるとしている。ここでは、心の見分が主観に、心の相分が客観に相当するものになっている。さらに顕在意識と潜在意識の概念が取り入れられている。西洋思想では、潜在意識（無意識）は、心理学者であり精神分析学の創始者であるフロイト（一八五六—一九三九年）により発見されたものとされるが、実際には千五百年以上前に考えられていたことになる。なお、唯識思想の体系は、三蔵法師・玄奘（六〇二―六六四年）が『唯識三十頌』を初唐の時代に注釈した『成唯識論』によって、中国そして日本へともたらされた。

唯識思想は、衆生（凡夫）の立場から仏法を教説するものであるが、三蔵（経蔵、律蔵、論蔵）のうちの論蔵（アビダルマであり仏教哲理になる）から生まれている。一般に仏教哲理はヴェーダ聖典を天啓真理としたウパニシャッド哲学と通底するところがある。唯識は仏教認識論の極致とされ、仏教存在論の極致とされる『華厳五教章』と共に筆者に強いインパクトを与えるものであった。華厳教学は、七世紀末に法蔵（六四三―七一二年）が仏性の立場から著したものである。

当然の事ながら、筆者は多くの西洋思想および東洋思想から影響を受けている。その中で、人類の意識の進化についての考察では、ヘーゲルの精神現象学、生物学者ヤーコブ・フォン・ユクスキュルの環世界、玄奘の成唯識論が思索の支えになっていることは否めない。なお、ヘーゲルの精神現象学は、意識が経験を通して成長し精神となって、絶対知に至る過程を説くものである。哲学者でもあるユクスキュルの環世界は、行動学の立場から、動物の知覚世界と、行動の作用による作用世界とから成るとしている。唯識では、心のあらわれは転依（悟り）によって転識得智（八つ全ての識が智に転ずること）の状態になる。この状態では、見分も相分もなく一体になり、直観智が得られるようになるとしている。

また、現在の自然科学において明らかになった宇宙および生命体の進化は、本書では哲学的な全体的理をなす真理とした。さらに、物質のミクロ構造やミクロ世界を解明する素粒子物理学あるいは生命体を分子レベルで分析する分子生物学などから得られる科学知は、人間の経験的事実として哲学的な思索の中に取り込まれている。

このようにして、今般の表題にした『進化の中の人間』の読本は上梓できることになった。ここに至る思索は、そのための資料をひもといてみると、二〇年余りの年月を要している。思索途上の経過は、数年前からまとめて著書に書き上げてきた。本書は、これまでの課題事項にさらに問いを重ねて掘り下げたものになっている。

しかし、本書の内容には偏見が潜み、読者に違和感を引き興すところがあるかもしれない。一管見として参考にされ御寛恕願えれば幸いである。あるいは、御指摘および御鞭撻を頂ければ幸甚の至りである。

最後に、哲学書を執筆する勇気を注いでくれた高校時代の旧友であり、一昨年に他界された国岡啓二氏には深謝の念を捧げます。そして、多数の哲学の学術書も出版されてきた知泉書館の小山社主には、上梓にあたって浅学菲才な筆者に色々とアドバイスをして頂いた。ここに、深く感謝の意を表します。

二〇二三年九月　座間にて

著　者

用語解説（五十音順）

アートマン　古代インドのヴェーダ語（サンスクリットの古形）において、古代ギリシャのプシュケーと同じように呼吸、霊魂などの意味に用いられた。また、ヤージュニャヴァルキヤは言葉による説明ができないものとした。その後のウパニシャッドでは個体の根源、自我等の意になっていく。そして、梵我一如の思想になり、宇宙の根源であるブラフマンと同一であるとされた。↓ブラフマン

アインシュタイン方程式　一般相対性理論の重力場を記述する方程式。四次元時空のゆがみと物質及びエネルギーの関係を示す。

アシュール型石器　原人あるいは旧人が残している握斧と言われるような大型の打製石器であり、両面が加工されている。

アニミズム　生物や無生物を問わないすべてのものの中に、霊魂もしくは霊が宿っているという考え方。

アビダルマ　釈迦が説いたと考えられた法あるいは真理の研究（対法という）。原始仏教の後の

部派仏教といわれる小乗仏教における三蔵のうちの論蔵が有名。

アポーハ論　唯識の立場から仏教論理学を確立したディグナーガにより提唱された理論。「他者の排除」とも言われ、例えば牛という語は牛でないものを排除するとした。これは、普遍実在論がいう牛というもの（牛性）の存在を否定する。

異化　高分子有機化合物を酸化などにより分解し、低分子の物質とエネルギーを得ること。↓同化

一切即一　華厳五教章にある仏教用語で、個体は全体の中にあり全体は個体の中にあるとする考え方。

インパルス　神経細胞において情報を伝達する電気化学的な信号。↓電位パルス

ヴェーダ聖典　バラモン教あるいは広義ヒンドゥー教の聖典とされる一連の宗教文書。ヴェーダは知識を意味し、リグ・ヴェーダ（神々の讃歌集）、ヤジュル・ヴェーダ（祭詞集）、サーマ・ヴェーダ（詠歌集）、アタルヴァ・ヴェーダ（呪文集）の一部が残っている。

有情無情　仏教用語で生物および無生物のこと。

宇宙マイクロ波背景放射　天体の全方向からほぼ等方的に観測されるマイクロ波であり、その波長スペクトルは絶対温度2・725Kの黒体放射に極めてよく一致している。

エクソソーム　細胞外小胞。m（メッセンジャー）RNA，mi（マイクロ）RNA、タンパク質などが中に入っており、細胞間で伝達される。

エディアカラ生物群　六億年前頃の地球の全球凍結の直後に出現し、顕生代に入るカンブリア紀の始まる前に大部分が絶滅した生物群。

遠隔作用　空間を隔てた二つの物体間に働き、途中の媒質に何ら変化を与えることなく瞬間的に伝わる作用。直達説に立つ考え方。↓近接作用

オーリニャック文化　フランス、ピレネー地方のオーリニャック遺跡を含みヨーロッパ・西アジアに広がる後期旧石器時代の文化。新人による石器・骨器のほか、女人裸像や洞窟絵画などを残す。

オルドワン型石器　アシュール型石器より旧く、ホモ・ハビリスのような原人による加工が乏しい礫石器。

会合　タンパク質や核酸などの複数の高分子が凝集すること。水素結合力、分子間力、静電気力などの引力相互作用により生じると考えられる。

開放系　熱力学の系が外部と物資あるいはエネルギーの遣り取りをしている系のこと。生物は

熱力学的系とみればすべて開放系であり，エネルギーや物質あるいは情報を外部と遣り取りし、みずから秩序ある身体をつくりあげ秩序ある運動を行なっている。

科学的実証主義　哲学において、形而上の思弁を排して、経験事実のみを根拠とし観察や実験によって実際に検証できる知識だけを認めようとする立場。

果分不可説　仏教の悟りの世界はそれを日常的な方法では表現することができないとする考え方。

カンブリア爆発　五億四千万年前頃の古生代の初め、約千年程度の短期間に生物の多様化が起こった。突如として脊椎動物をはじめ今日の動物界のほとんどの門が出そろった現象。

近接作用　二物体が及ぼし合う力が、物体間にある媒質あるいは場の物理的変化を媒介として伝わる作用。媒達説に立つ考え方。↓遠隔作用

クォーク　物質を構成する最小単位となる素粒子であるが、現在の科学技術では単独には取り出すことができない基本粒子。

薫習　仏教用語。香が物にその香りを移していつまでも残るように、みずからの行為が心に習慣となって残ること。すなわち、人間の偏見あるいは特質が染み込んでいること。

系統分枝　生物の系統関係から樹木のように表わされる進化系統樹において、共通祖先から分岐し枝分かれする道筋。

ゲノム　ある生物をその生物たらしめるのに必須な全ての遺伝情報であり、細胞の細胞核（核DNA）に書き込まれている。

戯論　仏教用語でけろんと読み、言葉を用いた説明あるいは議論は無意味であり無益であるとする。

原形質　生物の細胞の細胞膜の内側にある物質。細胞核と細胞質からなる。→細胞質

現象学的還元　フッサールの現象学における用語であり、人間の意識（主観）を機能しているがままに取り出すこと。すなわち、外界の物事についての判断は、意識における現象に還元して考えていくこと。

現象論　本書では自然科学における現象論を指し、熱力学のようにマクロ的な事象の観測結果の表現。あるいは天体の惑星の運行におけるティコ・ブラーエの観測を表現すること。→実体論

現代型生物群　生物を滅亡の視点から分類したもので、古生代の中期に絶滅したカンブリア型生物群、古生代に繁栄し中生代の初めに大量減少した古生代型生物群に対して、中生代から現在の新生代にかけて増加をしている生物群のこと。

好気性生物　酸素の存在のもとで酸素を利用し正常な生活をすることができる生物。

個物　個々の事物のこと。

作意　人間の心を対象に向かわせること。これは、小乗仏教の説一切有部あるいは大乗仏教の唯識の法（世界を構成する究極要素）というダルマの一つ。

細胞群体　分裂して増殖した細胞が集合体をつくり一個体の生物のように生活するもの。池、川、田などの淡水に棲む緑藻類で、数十の細胞から成るクンショウモ、数千以上の細胞から成るボルボックなど。

細胞質　生物の細胞膜の内側にある細胞核を除いた物質。細胞小器官（オルガネラ）と細胞質基質からなる。

自家不和合性　植物において、自己の花粉では受精せず他者の花粉でのみ種子をつけるという性質。

止観　天台宗で取り入れられた瞑想法であり、止とは心の中で一の対象に集中すること、観とは対象の真理を智慧で観ること。

四句分別　仏教の学僧で中観派の祖になったナーガールジュナが残した論理学の一形式。

志向性　フッサールの現象学用語であり、意識は常に何ものかについての意識であることを表わす。

指向性　一つの方向に偏っていること。

実体論　自然科学における実体論を指し、統計熱力学のように、自然の現象を原子や分子の実体によって表現すること。また、太陽系という天体をコペルニクスの地動説をもとに実体的に把握し、ケプラーの法則で表現すること。↓現象論

シャーストラ　古代インドのサンスクリットによる学問体系あるいは学派を意味する。

シャーマニズム　呪術を用いる宗教的職能者であるシャーマンによって成立している宗教や宗教現象の総称。

沙門　古代インド社会において生まれたヴェーダ聖典とは異なる真理を求め、質素、禁欲的な生活を探求した者。

思量　思いめぐらすこと。

真空の相転移　宇宙の初期において、真空状態が高エネルギー密度の相から低エネルギー密度の相に変わること。物理学の超統一の理論では、対称性の高い状態から低い状態に移ることで、第一の相転移と第二の相転移が順に起こり、それぞれ重力相互作用が分岐し更に強い相互作用が生じ、その後の第三の相転移で弱い相互作用と電磁相互作用が分岐したとされる。強い相互作用が生まれた後にインフレーションが生じビッグバンに至ると考えられる。

スートラ　古代インドの学問の体系を記した経典、綱要書などの書物。通常、暗唱し易いように「偈」「頌」といわれる韻律をもつサンスクリットの詩文で著されている。

生活環　生物の成長、生殖による変化が一通り出現する周期の一つを指す言葉。

生物系統樹　樹木のように枝分かれし分岐する生物の系統関係を示した生物の系図。

説一切有部　小乗仏教の一派であり、精緻で特色あるアビダルマ（論蔵）を構築して，部派仏教の展開に大きく貢献し，仏教思想全体に多大な影響を与えた。例えば倶舎論がある。

選択圧力　生物の進化において、生物個体に対してある形質をもつように働く自然選択の作用。

セントラルドグマ　遺伝情報がＤＮＡの複製、ｍＲＮＡへの転写、タンパク質生成の翻訳の順に伝達されるという分子生物学の概念。フランシス・クリックにより提唱された。

創発性　一般に、全体の性質が部分の性質の単純な総和にとどまらないことを表わす。複数の相互作用により複雑な組織化が起こること。主に生命現象のような複雑系の理論に用いられる。

測地線方程式　一般相対性理論における物質の運動を記述する方程式。光速を無限大、重力を零とする極限でそれぞれニュートンの運動方程式、特殊相対論の運動方程式に繋がると考える。

ダークエネルギー　現在の電磁波により観測される宇宙の加速膨張の原因をなし、宇宙全体に広がり負の圧力を持ち、実質的に反発する重力としての効果を及ぼしているとされるエネルギー。アインシュタイン方程式の宇宙項にも結びつけられる。

ダークマター　宇宙において、銀河の位置やその中の恒星軌道を、その重力レンズ効果あるいは重力によって変えていると示唆されるが、現在の観測器機では観測できない未知の物質。

断熱膨張　熱力学において、その系とその外部との間で熱エネルギーの遣り取りがなく、系の体積が膨張すること。そこでは、系の温度は減少し、エントロピーは不可逆過程で増大することになる。

調身・調息・調心　瞑想の対象がある思量の禅定あるいは瞑想の対象がない非思量の坐禅をするにあたって、身体と呼吸と心を整えること。

超対称性粒子　自然界の基本的な力を統一的に理解しようとする超対称性理論から予測される新粒子。超対称性はボーズ粒子とフェルミ粒子の入れ替えに対応する高い対称性であり、超対称性粒子は標準理論の粒子のそれぞれに対となる粒子である。

中立説　分子レベルでの遺伝子の変化では、大部分が自然淘汰に対して有利でも不利でもなく中立的であるとする説。

適応性　生物が外部の環境に合わせて調節し環境と一体になろうとする性質。それは、生物が環境で繁殖して存続するかどうかで判断できる。

適応放散　異なった環境において、ある一つの系統の生物が各環境に適した機能上の分化を起こし多数の系統に分かれていくこと。一九一七年にH・オズボーンが提唱した進化の一つの現象。

適合性　物質がもっている、環境からの作用に合わせて受動的に変化する性質。これにより、物質の一方向への不可逆的な変化が起こる。

電位パルス　神経細胞内で生じる情報を伝達する活動電位。→インパルス

天啓真理　神が人間に啓き与える真理。バラモン教のヴェーダ聖典、キリスト教の黙示録など。

同化　生体内における代謝によって、簡単な化学構造の化合物から複雑な構造の化合物である生体高分子が生成されること。→異化

統語的言語　言葉の配列が文法に則した構成をなし、主語、動詞、目的語などを有している言語。

淘汰圧　選択圧力のこと。

トーテミズム　特定の動物、植物をトーテム（部族の共通の祖先を表わす標識）とし、ある集団を象徴する神として崇拝すること。原始宗教の一つの形態として各地の文化にその名残がある。

パリティ　量子力学における粒子の一つの属性であって波動関数の偶奇性のこと。量子力学的状態を表わす波動関数が空間反転により符号を変えない場合、状態は偶（または正）のパリティをもつといい、符号が変わる場合は奇（負）のパリティをもつという。

反復説　動物の発生の過程（個体発生）は、動物の進化の過程（系統発生）を繰り返すとする学説。これは、一八六六年に生物学者E・ヘッケルにより生物発生原則として提唱された。

ヒッグス機構　ヒッグス場が凝縮して真空期待値を持つことにより場の対称性が破れて、ゲージ粒子はヒッグス場との相互作用を通して質量を獲得するという機構。

標準理論（標準模型）　物質を形作るクォークとレプトン、力を伝えるゲージ粒子、質量の源であるヒッグス粒子からなる素粒子の振る舞いをまとめたもの。

不可逆性　一般的に、ある状態から別の状態になってしまうと元の状態には戻れない性質のこと。自然科学では、熱力学の過程、化学反応の過程などでよくみられる。

不可弁別性　物理現象において、同種の粒子は互いに区別することが出来ない、あるいは区別してはならないという特質。このことは、多数粒子集団のマクロな熱力学現象で起こっていた。一九二四年のインドの理論物理学者ボーズによるプランク輻射公式の導出において、アインシュタインが指摘した。この真の意味は量子力学により初めて理解され、整数スピンのボーズ粒子、半整数スピンのフェルミ粒子など全ての粒子に通ずる。

不二一元論　ウパニシャッドの梵我一如の思想を踏まえ、宇宙の最高原理とされるブラフマンは各個体にあるとされるアートマンと全く同一であるとする説。ヒンドゥー教のヴェーダーンタ学派の第一人者とされるシャンカラが紀元後八世紀に唱えた。

プラスミド　原核細胞あるいは真核細胞の細胞小器官であり、細胞核（核ＤＮＡ）とは別の自己増殖性のＤＮＡをもっている。この核酸の構造は主に環状二本鎖になっている。

ブラフマン　ヴェーダ語の呪文の「力」などを語源とし、天啓真理とされるヴェーダ聖典では宇宙の根本原理のこと。→アートマン

分岐分類　生物を分類する手法の一つであり、生物の形質における進化上の分岐点に焦点を当てる分類法である。分岐図は生物の系統図に近いものになっている。

分別智　仏教用語。言葉を用いた相対的な区別の智慧（相対知）。→無分別智

抱握　哲学者Ａ・Ｎ・ホワイトヘッドが創った術語であり、必ずしも意識を前提にしないような知覚という意味の非認識的把握のこと。

ボトル・ネック現象　一人類の集団の大部分が死滅して、たとえばホモ・サピエンスの遺伝的多様性が低下したことを表わす言葉。

本質論　自然科学における本質論を指し、自然の事象における普遍を理解する段階。例えば物質はエネルギーであるとする科学的理解。あるいは、個別的な実体である天体という存在から離れ、質量を持つ物質という対象に普遍的に成立するニュートン力学の段階。

未生無　インド六派哲学であるヴァイシェーシカ学派の慧月が作の綱要書（勝宗十句義論）に出てくる四種類の無のうちの一つ。未来には有となるが、現在は未だ生起していない無のこと。

ミトコンドリア　真核細胞の中にある細胞小器官の一つで、エネルギーを生成するはたらきを持ち、ミトコンドリア独自のｍｔＤＮＡを内部に有している。

無為　仏教用語。因果関係によって作り出されたものではない不生不滅の存在のこと。

ムスティエ文化　ヨーロッパ・西アジア・北アフリカに広がる中期旧石器時代の文化。旧人による剥片石器、火の使用の痕跡などが残されている。

無分別智　仏教用語。仏教の悟りの状態における智慧（絶対知）。→分別智

メッセージ物質　人体などの臓器、細胞あるいは共生する細菌からのメッセージを伝える物質。有機化合物からなる情報伝達物質、マイクロＲＮＡなどからなり、血液を介して全身を行き交い、それを受け取った他の臓器や細胞がさまざまな反応を起こす。

薬剤耐性菌　治療に使用する特定の種類の抗菌薬が効き難くなり、あるいは全く効かなくなる細菌。例えば赤痢菌、大腸菌などがあり、細菌の耐薬性進化に細胞内のRプラスミドが関係している。

唯識　大乗仏教の瑜伽行派において重要な教説であり、一切の諸法は識としての心が現わし出したものにすぎず、真実にあるものでない（非有）という考え方。

癒合　生物組織において、直近で分かれていた同士が接着し、固着に至ることを指す。

用不用説　ラマルクの進化論学説であり、生物個体において、多用する部分はしだいに発達し、使用しなくなる器官は退化し、その後天的な獲得形質が遺伝することにより進化の現象が現われるとする説。

リボソーム　全ての細胞に存在する生体タンパク質合成を行う細胞小器官。数本のＲＮＡ核酸と数十種類ほどのタンパク質からなるＲＮＡ・タンパク複合体。

量子重力理論　一般相対論と量子力学を統一しようとする理論。時空を量子化する理論、重力場のゲージ理論、超重力理論、超弦理論などが提案され模索されている。現時点では未完成である。

量子ゆらぎ　量子力学によれば、ハイゼンベルクが提唱した不確定性原理が働き、ミクロ世界の物理的な状態は揺らいでいる。このゆらぎにより、時間が精確になっていくと状態のエネルギーが莫大になることが起こる。

リンネ式の階層分類　リンネにより構築された分類体系をもとにした、今日広く用いられている生物の分類体系を指す語。生物種を基準単位として分類される。

輪廻転生　バラモン教の考えに由来し、命あるものが何度も転生し、人だけでなく動物なども含む生類として生まれ変わること。

ルヴァロワ技法　旧人が残している石核調整技術を代表する技法である。剥片石器の製造では、剥片に剥がす石核は例えば亀の甲状に前もって調整加工される。これにより、剥片の定形化、薄型化、大量生産が進歩していった。

レプトン　素粒子のグループの一つであり、クォークとともに物質の基本的な構成要素である。軽粒子とも呼ばれ、電子、ミュー粒子、タウ粒子とそれぞれに随伴するニュートリノを指す。

六師外道　仏典に出てくる釈迦とほぼ同時代の六人の沙門であり、バラモン教ヴェーダ学派を否定し仏教以外の教説をした思想家。

論理的思考の基本原理　人間の思考が従うべきもっとも一般的かつ基本的な法則。代表的な論理法則としては、同一律（AはAである）、排中律（Aか非Aのどちらかである）、矛盾律（Aかつ非Aを排する）の三原則が一般的である。本書では、これらに、ライプニッツが唱えた充足理由律（何ものも、充分であり必然をなす理由なしには生じない）を加え四原則にしている。

ワーキングメモリ　認知心理学において、情報を一時的に保ちながら操作する脳のニューラルネット構造や過程を指す構成概念。作業記憶、作動記憶とも呼ばれる。

参考文献

本書をまとめるにあたり多くの文献や刊行物が参考にされています。本来であれば本文中に出典を明記すべきでありますが、通読をしやすくするためそれらは省略されています。そこで、必要な情報源として、それらの一部を以下にとりまとめておきます。より詳しい情報を知りたい方は、これ等の参考図書をもとに、更なる思索を深められることを願います。

序論

ウッダーラカ・アールニの言『チャーンドーギャ・ウパニシャッドⅥ2』
ジャン＝クレ・マルタン『百人の哲学者　百の哲学』杉村昌昭他訳　河出書房新社　二〇一〇年
長尾雅人他編『岩波講座東洋思想』岩波書店　一九八九年
ハイデガー『存在と時間Ⅰ』原佑、渡邊二郎訳　中央公論新社　二〇〇三年
林道夫他編『哲学事典』平凡社　一九八四年
廣松渉他編『哲学・思想事典』岩波書店　一九九八年
『プラトン全集4（パルメニデス他）』田中道太郎訳　岩波書店　一九八〇年
ブルース・シューム『標準模型の宇宙』森弘之訳　日経ＢＰ社　二〇〇八年

第一章　生物における適応機能の考察

石川統他編『細胞生物学事典』朝倉書店　二〇〇五年
江口絵里『アマミホシゾラフグ』ほるぷ出版　二〇一六年
NHKスペシャル「人体」取材班『人体神秘のネットワーク2』東京書籍　二〇一八年
科学雑誌『Nature　Plants』二〇一五年　九月号
柿本辰男編『植物のシグナル伝達』共生出版　二〇一〇年
小泉修編『動物の多様な生き方5』共立出版　二〇〇九年
佐々木裕之『エピジェネティクス入門』岩波書店　二〇〇五年
鈴木まもる『ニワシドリのひみつ』岩崎書店　二〇一四年
ダーウィン『種の起原』堀信夫・堀大訳　朝倉書店　二〇〇九年
多賀谷光男他編『生命科学のフロンティア（科学のとびら）』東京化学同人　二〇〇四年
竹鼻眞他編『新細胞生物学』廣川書店　二〇一三年
武村政春『細胞とはなんだろう』講談社　二〇二〇年
藤原晴彦『だましのテクニックの進化』オーム社　二〇一五年
リン・マーギュリス他『生命とはなにか』池田信夫訳　せりか書房　一九九八年

第二章　進化学上の人類進化

米国ジョージア工科大学『Scientific　Reports』ウィリアム・ラトクリフ他　二〇一九年　三月
アンドリュー・パーカー『眼の誕生』渡辺政隆、今西康子訳　草思社　二〇〇六年
カーティス・W・マリーン『祖先はアフリカ南端で生き延びた』日経サイエンス　二〇一〇年　十一月号
科学誌『プロス・バイオロジー（PLOS　Biology）』二〇一一年

河辺俊雄『人類進化概論』東京大学出版会　二〇一九年
木村有紀『人類誕生の考古学』同成社　二〇〇一年
倉谷滋『個体発生は進化をくりかえすのか』岩波書店　二〇〇五年
小山正『言語発達』ナカニシヤ出版　二〇一八年
坂本充『進化融合論』牧歌舎　二〇一八年
ジェネビーブ・B・ペッツィンガー『最古の文字なのか?』櫻井祐子訳　文芸春秋　二〇一六年
スティーヴン・J・グールド『個体発生と系統発生』仁木帝都・渡辺政隆訳　工作舎　一九八七年
田中琢、佐原真共著『考古学の散歩道』岩波新書　一九九三年
東京大学編『学問の扉』講談社　二〇〇七年
『脳と心のしくみ』ニュートンプレス　二〇〇六年　四月号
橋本一『薬はなぜ効かなくなるのか　病原菌は進化する』中央新書　二〇〇〇年
秦野悦子編『ことばの発達入門』大修館書店　二〇〇一年
宮田隆『眼が語る生物の進化』岩波書店　一九九六年
山岸明彦他『極限環境の生物学』岩波書店　二〇一〇年
ユクスキュル『生物から見た世界』日高敏隆他訳　岩波書店　二〇〇五年
吉田邦久『好きになる生物学』講談社　二〇一二年
ロビン・ダンバー『人類進化の謎を解き明かす』鍛原多恵子訳　インターシフト　二〇一六年

第三章　人間の意識とは

アントニオ・ダマシオ『意識と自己』田中三彦訳　講談社　二〇一八年

ウンベルト・R・マトゥラーナ他『オートポイエーシス』河本英夫訳　国文社　一九九一年
シモーナ・ギンズバーグ他『動物意識の誕生上／下』鈴木大地訳　勁草書房　二〇二一年
高崎直道『唯識入門』春秋社　一九九二年
デイヴィッド・J・チャーマーズ『意識する心』林一訳　白揚社　二〇〇一年
デイヴィッド・ローズ『意識の脳内表現』苧阪直行監修　培風館　二〇〇八年
ピーター・G・スミス『タコの心身問題』夏目大訳　みすず書房　二〇一八年
マイケル・グラツィアーノ『意識はなぜ生まれたか』鈴木光太郎訳　白揚社　二〇二二年

第四章　世界の存在

チャンドラキールティ『プラサンナパダー』奥住毅訳　大蔵出版　一九八八年
『プラトン全集12（ティマイオス他）』田中道太郎・藤沢令夫訳　岩波書店　一九八七年
宮元啓一『牛は実在するのだ！』青土社　一九九九年

終　章

カルロ・ロヴェッリ『すごい物理学講義』栗原俊秀訳　河出書房新社　二〇一七年
ジョン・W・モファット『重力の再発見』水谷淳訳　早川書房　二〇〇九年
ブライアン・グリーン『宇宙を織りなすもの下』青木薫訳　草思社　二〇〇九年
松山寿一『ニュートンとカント』晃洋書房　一九九七年

人名索引

事 項 索 引

ア 行

カ　行

サ　行

タ　行

ナ　行

ハ　行

マ　行

ヤ　行

ラ・ワ　行

坂本　充（さかもと・みつる）
1946 年鳥取県八頭郡八東町に生まれる。1965 年鳥取県立八頭高等学校卒業，1969 年京都大学理学部物理学科卒業。
シャープ株式会社および日本電気株式会社にて，半導体の電子デバイス関連の研究開発業務に約 25 年間従事。第 39 回「大河内記念賞」受賞。
その後，知的財産の発明・特許業務に 20 年間従事。駒澤大学仏教学部に 2 年間在籍。現在，哲学の思索と著述業に従事。著書に『進化融合論』（牧歌舎，2018 年）がある。

〔進化の中の人間〕　ISBN978-4-86285-403-2

2024 年 3 月 10 日　第 1 刷印刷
2024 年 3 月 15 日　第 1 刷発行

著　者　坂　本　充
発行者　小　山　光　夫
印刷者　藤　原　愛　子

発行所　〒 113-0033 東京都文京区本郷 1-13-2
電話 03（3814）6161 振替 00120-6-117170
http://www.chisen.co.jp
株式会社 知泉書館

Printed in Japan　印刷・製本／藤原印刷